U0150979

产业互"链"网
重新定义区块链

王翔◎著

中国纺织出版社有限公司

内 容 提 要

区块链技术是 21 世纪的重大创新技术，也将会带来第四次产业革命。区块链技术在全球范围内得到广泛关注，迅猛发展，广泛应用于金融服务、医疗健康、文化娱乐、物联网、教育等多个场景。本书详细介绍了区块链的发展历史，技术原理，解读了区块链技术的实质与当前热门技术 5G，物联网等的关系，剖析了区块链技术中的热点以及难点，阐述了区块链技术的理论与实践，分析了区块链应用的多纬度应用场景。本书不仅适合从事区块链行业的读者，也适合于人工智能，算法研发相关的工作人员。

图书在版编目（CIP）数据

产业互"链"网：重新定义区块链/王翔著. --
北京：中国纺织出版社有限公司，2021.6
ISBN 978‐7‐5180‐8555‐2

Ⅰ.①产… Ⅱ.①王… Ⅲ.①区块链技术 Ⅳ.
①TP311.135.9

中国版本图书馆CIP数据核字（2021）第088699号

策划编辑：史 岩　　　　　　责任编辑：于磊岚
责任校对：王花妮　　　　　　责任印制：储志伟

中国纺织出版社有限公司出版发行
地址：北京市朝阳区百子湾东里 A407 号楼　邮政编码：100124
销售电话：010—67004422　传真：010—87155801
http://www.c-textilep.com
中国纺织出版社天猫旗舰店
官方微博 http://weibo.com/2119887771
北京市密东印刷有限公司印刷　各地新华书店经销
2021 年 6 月第 1 版第 1 次印刷
开本：710×1000　1/16　印张：13
字数：136 千字　定价：49.80 元

区块链已经受到各级政府和行业的关注，在我国的应用大门已经开启。《产业互"链"网》一书深入的探讨了区块链与实体经济的融合，从实战角度去剖析区块链在供应链、大健康、金融、物流、养老等多种应用场景中的发展。难得一见的好书建议广大对区块链技术感兴趣的人员有必要阅读。

——工信部党组成员 纪检组长 金书波

《产业互"链"网》作者王翔先生致力于区块链的研究与实践多年，颇有心得。本书既是作者对多年来自身区块链技术开发及应用经验的总结，又有很完整的知识体系结构。作者分享了有关区块链初创企业面临的挑战以及如何克服挑战的案例研究。无论是区块链技术开发者还是仅仅对区块链概念感兴趣的人都可以找到自己需要的内容和知识。

——工信部中国电子信息产业发展研究院党委书记副院长 宋显珠

近年来，区块链技术得到全球性的关注，发展迅速，广泛应用于金融服务、医疗健康、文化娱乐、物联网、教育等多个场景。《产业互"链"网》一书深入诠释了区块链技术如何以前所未有的方式给多个领域带来颠覆式的创新，以及如何改变当下的商业，社会以及世界。通过阅读此书，读者可以对区块链技术形成全面的见解。

——工信部赛迪区块链研究院 院长 刘权

《产业互"链"网》一书详细介绍了区块链的发展历史、技术原理，解读了区块链技术的实质与当前热门技术5G、物联网等的关系，剖析了区块链技术中的热点以及难点，阐述了区块链技术的理论与实践，分析了区块链应用的多纬度应用场景。这样的研究，对读者而言，是有参考价值的。值得大家一阅。

——挪威工程院院士 容淳铭

《产业互"链"网》一书作者是区块链企业级应用先驱分布式商业创始人，有多年的区块链行业实战经验，是国际区块链行业开发的先行者。作者王翔老师深入浅出介绍了区块链技术的基础架构，同时阐述了区块链领域中的通证概念及通证经济，总结了区块链技术面临的挑战与机遇，展望了区块链技术的未来发展趋势。

——联合国 CCG 智库常务理事 金融专家　翟山鹰

为什么人人都在谈论区块链？区块链的"魔力""秘密"在哪里？信息互联网如何转向价值"互链网"？个人如何参与到区块链项目中来？区块链会如何改变我们的生活？区块链发展的未来趋势如何？《产业互"链"网》一书作者通过通俗易懂的语言，采用百科全书式的内容构架为大家答疑解惑，通读本书一定会给你满意的答案。

——华为首席区块链战略官　张小军

区块链技术是 21 世纪的重大创新技术，将会带来第四次产业革命。区块链将产生新的商业模式和想法，最近几年从区块链的理论到实践，区块链的发展都有了巨大的飞跃。《产业互"链"网》作者王翔先生剖析了区块链在各种应用场景（如政务、数字金融、供应链等）的具体实践，定能给产业互链网的从业者带来一些参考和启示。

——原京东集团副总裁 现任中德安联人寿保险公司 CEO　徐春俊

现阶段，数字经济正成为我国经济社会发展的重要力量，区块链等新兴技术作为数字经济的基础性技术，其重要性日益凸显。随着区块链技术的进一步成熟，区块链也已经被越来越多的人应用到不同领域，大家开始关注其场景落地、应用落地的方向。《产业互"链"网》一书作者在区块链应用技术领域深耕多年，结合多行业实战经验，推出了这本真正全景式描述区块链理论及应用的书，这是一本可以让你全面了解区块链这个颠覆性技术的好书。

——重庆区块链数字经济产业园　管理委员会主任　薛俨

面对区块链产业发展的日新月异，如果您对区块链技术很感兴趣，甚至想把区块链开发和应用作为您的职业生涯，《产业互"链"网》一书可以帮您系统的获取区块链基础知识及行业的具体应用。区块链将产生新的商业模式和范式。阅读此书，可以启发您对区块链行业新的思考，树立区块链思维，把区块链技术更好地应用于自己的项目中。

——重庆区块链数字经济产业园管理委员会副主任　罗林

区块链虽然是一种新事物，却像一股汹涌而至的浪潮，席卷了整个商业世界，驱动了产业变革。

区块链技术是人类社会向数字世界迁徙的重要工具，促使政务民生、智慧金融、商业生态等发生了巨大的模式改变。可以预见，一个更高效、可信、有温度的数字世界正在向我们走来。

一直以来，区块链在作为价值互联网对生产关系进行重组，这点是没变的；发生改变的在于，刚开始我们只盯着区块链，现在却发现，仅凭区块链还远远不够，需要一组数字化技术共同集成创新。这种创新可能是重组生产关系，提升效率，降低成本，还可能是提升服务体验。

区块链只有很好地与云计算、大数据、物联网、人工智能等技术结合在一起，才能真正将其最大价值发挥出来，实现一系列技术的集成创新。链是基础，但仅凭它，无法改变什么。人工智能是"自学习"，区块链是"自组织"，物联网是"自采集"；人工智能解决了"效率"问题，区块链解决了"协作"问题，物联网解决了"原料"问题。人工智能进行的是机器学习，区块链进行的是机器与机器、机器与人、人与人之间生产关系的协调，物联网进行的是机器与机器、机器与人、人与人之间数据采集。在区块链中，底层是数学，中层是法律，上层是经济行为。

区块链时代，最根本的经济行为，就是建立在数学之上的信任机制。虽然整个经济秩序都会被改变，整个生产关系都会被改变，但其核心都是一个数学原理。运用数学，我们可以总结出一个永恒不变的规律，让我们的经济系统更加有效，使我们的社会科学和自然科学达到大统一，这就是我们所说的"共识即法律、算法即信任、代码即规则、认证即支付"。

区块链之所以能够成为重构世界秩序的新基础结构，是因为区块链具备以下四个基本功能：

1. 区块链可以提供国际秩序重构的社会基础。以可编程社会为基础，以区块链为"信任机器"驱动力，可以建立一种新的社会关系和国际关系。

2. 区块链可以提供国际秩序重构的个体基础。其中，涉及社会成员的数字身份、信任计算，能够构造一个个体与个体基于技术支持的新型信任体系。

3. 区块链可以提供国际秩序重构的法律基础。推动智能合约代替传统合约，实现区块链代码仲裁等，Code is Law（代码即规则）普遍化。

4. 区块链可以提供国际秩序重构的经济基础。通过区块链重构产业链、供应链、价值链和金融链，加速价值安全和高速交易和传递，就能形成新型数字资产和数字财富体系，完成传统经济向数字经济的转型。

把区块链作为国家战略，2020年4月国家发改委明确将区块链纳入"新基建"范围。新基建的背后是全面数字化，本质就是数字化基建，既是物联网、5G、人工智能、区块链、云、大数据、边缘计算等数字技术的融合，又能带动方方面面的数字化。全面数字化，有典型的三大特征，即软件定义世界、万物皆可互联、数据驱动一切。但是，全面数字化也会带来前所未有的安全风险和挑战，甚至还会伴随数字化分布在所有场景中，比如，工业生产、金融、能源、医疗，也包括国家和社会的治理。

区块链分布式存储和不可篡改的技术特性则有效地解决了这个问题，其是数字时代不可或缺的基石。传统产业拥抱区块链非常难，很多企业都愿意给自己贴上区块链的标签，但要想真正把自己的传统业务系统替换到区块链上，还有很多阻力。因为会涉及思维的改变、组织形式的改变和商业模式的改变，技术仅仅是支撑这种改变的工具。

那么，产业互链网具备哪些特性呢？区块链不再从流量角度获取价值，而更多的是数据的变现。基于区块链的数据是可信的，以此为基础，再加上其他的数字化技术，比如隐私计算，数据就能变得可交换。可信的数据可交换，是人工智能的基础。目前，人工智能需要大量的数据来训练这些模型，使得它更接近现实，使它具有一定的预测性。

区块链的商业核心就在于，其天生就能解决陌生信任，不用建立信任的生态化商业模型，就能解决大规模协作的问题。只要某件事情的完成需要多方参与和大规模协作，就能使用区块链技术。同样地，只有以区块链为基础，进行新的商业创新，才能打造万亿元市值、几万亿元市值的新商业实体。

在区块链世界里，没有成功的经验，只有试错的教训。本书将我们在行业里多年的探索、不断的试错和总结的经验记录下来，希望能给进入产业互链网的从业者一些参考和启示。

王翔

2021 年 4 月

上篇　揭秘区块链

上篇
揭秘区块链

第一章　重新认识区块链

第一节　区块链的源起

区块链建立在互联网、数据加密、分布式存储等多项理论科学和技术的基础上，是一种点对点数据库体系，更是一种独具创新的去中心化基础架构和分布式计算范式，实现了信息传递到价值传递的转变，受到越来越多人的关注。

> **中本聪是何许人也？**
>
> 中本聪是比特币的发明者，被人们称为"比特币之父"。中本聪为人十分低调，直到今天他的身份仍是一个谜，但是他名下的比特币账户仍然是全球最大的持币账户。

说到区块链，首先就要了解区块链的起源。

区块链技术起源于 2008 年中本聪发表的《比特币：一种点对点电子现金系统》，区块链诞生自中本聪的比特币。

比特币是一种纯 P2P 的虚拟货币，能够满足去中心化、严控货币供给速度、预估货币流通总量、有效遏制通货膨胀等需求。其具有货币的功能，拥有货币的部分属性，但并不是真正的货币，未来能否过渡为真正的货币取决于人们对比特币的信任、对机制所营造的信心。

比特币是一种全新的无政府虚拟货币，是数字货币革新的结果，代表了世界政治经济一体化思潮。其出现直接导致了人类史上投资回报率最高的金融产品的出现。

2009 年 1 月比特币刚刚问世，一美元可以购买 1300 个比特币，一个比特币的单价约为 0.0025 美元，而随着比特币的发展，其价格最高达到了 54193 美元，涨了 2167.7 万倍，未来仍然可能保持上涨的趋势。

比特币是人类发展史上第一次没有中心、没有管理，让全世界 2000 万精英为了同一个目标去奋斗；第一次把多种计算机技术集成不可篡改的分布式账本，改变了过往的生产关系，开启了第四次产业革命。

（一）比特币的界定

所谓比特币（Bitcoin），就是通过开源算法产生一套密码编码，是世界上第一个分布式匿名数字货币，通常也用来标识商品或服务价值。这是一种虚拟货币的基本单位，简写为 BTC。概括起来，比特币具有如下五个显著特性：

（1）属于"信息货币 + 私人货币"。信息货币的出现，主要是为了方便交换不同的物质资源抽象出来的数量单位，由分布式的网络节点、以信息化的方式分散发行，并不是由中央银行集中控制，跟服务和自我服务本身密切相联，其价值取决于承载的信息内容。这是一种附加信息的货币卡，具有混合价值的形态。

（2）不会发生通胀或通缩。生成比特币的上限时间和上限数量都有固定值，采用自动化的技术手段，货币供给就能按照预定的速度实现增长。

（3）高度匿名。交易双方可以随意生成自己的私钥，只要将对应的公钥告诉付款人，就能收到款项。下次再使用时，重新生成一对公私钥，就可以直接进行交易。这种做法不仅让交易高度匿名，更让交易变得不可逆。

（4）使用方便。达成协议的双方直接进行支付，不需要第三方机构介入，少了地理空间的限制，更不需要进行市场地域的分割，不仅能提高金融资源的配置效率，还可以使金融资源配置获得更大的地域弹性。

（5）交易成本低廉。每笔交易收取约1比特分的交易费，跨境交易支付比特币，不会涉及汇率问题。

（二）比特币的产生机制

任何人都能下载比特币软件，参与比特币生产。这种生产模式模拟了贵金属黄金的生产过程，就是挖矿（Mining）。挖矿需要强大的计算能力，具体过程为：找到最小的散列值，生成比特币网络搜寻的64位数字，创建一个区块，获得一个区块包含的比特币，每10分钟整个网络就会出现一个新区块。为了严格控制比特币的生产速度，生成算法会根据当前已生产的比特币存量，对算法的复杂度进行动态调整，已产生的比特币越多，挖矿的人也就越多，算法自然就越复杂，挖矿的困难度也就越高。

挖矿的难度与一定时间内全网投入制作工作的平均运算能力相关。单一个体和其他用户竞争，其计算能力高于全网计算能力的综合水平，是整个网络最早创建新区块的第一人；其将新区块发布到全网络，被全网所确认，挖矿就算成功。如果 10 分钟内有人抢先挖矿，那么以前的计算无效，必须重新再创建一个新区块。

（三）交易支付机制

比特币的支付机制如下：

要想进行比特币交易，先要设立一个账户，通过公开密钥算法，采用电子签名进行交易。如果 A 想将一笔比特币转给 B，A 就需要将钱的数量加上 B 的公钥，用自己的私钥签名。只要 B 看到该签名，就能知道 A 向他支付了款项。同时，比特币交易还需要整个网络作为担保人。

A 发起这笔交易时，需把签过名的交易单公布到全网络，网络上的每个人都能检查确认这笔交易。B 从网络上收到足够多（6 个人）的确认信息后，便能确认 A 发出了这条交易单，B 就能合法使用这笔比特币。

比特币网络不会直接记录每个比特币的具体归属，只会在公开日志中以列表的形式将比特币产生以来的交易详单记录下来。如果法律强制执行，监管部门就会使用高端网络分析技术，对交易流量进行追踪，对各比特币的去向进行追溯，找到比特币的个人用户。

需要确认一个交易单时，比特币网络就会对该列表进行检测，确认转出账户上是否有足够的比特币。然后，利用 P2P 系统中的节点进行投票验证，把所有交易固化成一个交易链，让所有节点都来验证资金流向；同时，利用分布式时间戳算法，将网络节点验证后得到的新交易数据加到全网认可的交易链中，对交易链中的交易进行追溯，判断收款人收到的钱是否被重复支付，解决比特币的重复使用问题。

第二节　从技术了解区块链

什么是区块链？百度百科是这样定义的："区块链是一个集合了密码学、分布式储存、智能合约、共识算法等多种新兴技术的数据传输方式。"从本质上来说，区块链就是一种集成技术。在数据上传的过程中，数据会被打包到一起，形成多个数据块，而被打包好的数据块又叫区块。将各区块按照一定的时间顺序连在一起，就能形成一条链式网络，整个网络结构由区块和链构成。作为共享账本，每个账页就是一个区块，每个区块上都写满了交易记录，区块首尾衔接，紧密相连，形成了一个链状结构。

区块链用一种去中心化的方式，解决了信任背书和价值传递的问题。

互联网传递信息，区块链传递价值，因此完全可以将区块链称为价值互联网。从技术角度来说，区块链的技术核心就是分布式存储＋加密算法，区块链只是个代号，不管用什么方法，只要能更快、更好地实现分布式存储＋加密算法就行了。

基于交易工作量证明的分布式账本系统，一个网络节点发起一笔新的交易时，不仅需要找到整个网络节点里2笔其他交易去验证，还需要做一个Mpow计算。该Mpow计算比比特币的Mpow计算要简单很多，只要使用一台普通电脑，花费5~10分钟，就能完成计算。

理解区块链技术的两个维度如下：

（一）分布式账本

从会计学角度来看，区块链是一种独具创新的分布式账本技术，采用了一种全新的记账方式。只要按照要求，达到选举规则的设定目标，就能获得记账权，成为新区块的记账人，任何人都能参与；大家一起拥有并享受账本信息，都能对账本信息进行检测和验证。

与传统账本技术相比，分布式账本的优势主要表现为：不容易伪造，无法篡改，效率高，可追溯，容易审计；交易签名、共识算法和跨链技术等运用，保障了分布式账本的一致性，可以自动完成账证相符、账账相符和账实相符；基于自动化执行、实时记账等特点，可以实现全局一致性的DLT，制成资产负债表。

分布式账本是一个分布在多个节点或计算设备上的数据库，网络中的每个节点都能复制并存储一份相同的账本副本。分布式分类账有

7

一个同步数据库系统，网络成员都可以审计历史信息记录。

分布式账本最突出的特征是其不由任何单个机构或个人维护，而是由网络中的每个节点单独构建和记录，并依赖于与区块链相似的共识原则。

虽然在技术上是去中心化的，但是运营主体不一定是中心的。比如，公司过去只有财务部在记账，为了减少错误，现在公司的账本由全体成员一起记录。这就是分布式账本。

分布式账本技术大大降低了信任成本，以减轻对银行、政府、律师、公证人和监管合规官员的依赖。

区块链虽然只是分布式账本技术的一种形式，却能在没有中央服务器管理的情况下运行，能通过数据库的复制和信任计算来维护其数据质量。但是，区块链的结构不同于其他种类的分布式账本，上面的数据会被分成不同的小组，并以块的形式组织起来，按照时间顺序连接成一条链。

从本质上来说，区块链就是一个不断增长的记录列表，其数据记录使用"仅可添加"结构，只能将数据添加到链上，无法更改或删除已经录入的数据。区块链和分布式账本的主要区别在于，密码签名和将记录连成链。也就是说，区块链是分布式账本的一个子集，不是每个分布式账本都是区块链。

区块链使用了分布式记账这种技术，同时还使用了其他技术。例如，使用密码学来保证区块链的有序性、公开性和不可篡改性。也就是说，分布式账本在技术上是去中心化的，运营上可以保持中心化。而区块链则在技术和运营方面都是去中心化的。

（二）加密算法

区块链的加密币是一段可编程的程序，该程序带着智能合约，可以按约定自动执行。

过去签协议，通常需要对以下方面做出约定。法律依据，是依据英国的法律，还是大陆法律？支付方式，付英镑、港元，还是人民币？汇率怎么算？纠纷解决方式，是在伦敦还是香港？是通过法院还是仲裁机构？

> **什么样的加密钱包最安全？**
>
> 加密数字货币钱包分为"冷钱包"和"热钱包"。"冷钱包"就是离线钱包，也就是不联网的硬件钱包，犹如家里的保险柜。"热钱包"就是联网的钱包，可以通过网络进行实时交易。从安全系数上来讲，"冷钱包"最安全。从交易便捷性上看，"热钱包"最方便。

而在区块链场景下，就不需要进行这样的约定了。法律就是智能合约，只要具备充足的条件，合约会自动执行并进行清算结算。跟传统商业模式交易比起来，这种算法的互信成本更低，而事实证明，信任的边际成本越低，商业活动空间和边界越大，人类关系也会变得更加简单。

从账户角度来看，区块链是一种全新的账户体系。传统上，所有的金融业务都是围绕商业银行的账户开展的，而如今私钥的本地生成并不公开，从导出公钥，到变出钱包地址，开设个人账户，都摆脱了中间第三者的介入，是金融史上的一个重大变化。首先，用户可以运用安全技术，自主控制金融资产；其次，用户可以点对点地进行金融资产交易，独立于第三方服务机构；最后，用户对数字身份的保管，承担着一定的交易责任，出现了一种新模式，即自金融。

现代加密算法的典型组件包括：加解密算法、加密密钥、解密密钥。其中，加解密算法是固定不变的，完全公开，任何人都可以看到；密钥则会发生变化，还需要采取一定的保护措施。事实证明，对同一种算法，密钥长度越长，加密强度越大。

（1）对称加密。顾名思义，加解密的密钥是相同的。优点在于，加解密效率高（速度快，空间占用小），加密强度高。从实现原理上，对称密码可以分为两种：分组密码和序列密码。前者将明文切分为定长数据块作为加密单位，应用最为广泛；后者则只对一个字节进行加密，密码不断变化，只用在一些特定领域。

（2）非对称加密。非对称加密是现代密码学历史上最为伟大的发明，可以很好地解决对称加密需要的提前分发密钥问题。加密密钥和解密密钥是不同的，分别称为公钥和私钥。公钥一般是公开的，人人可获取；私钥是个人自己持有，不能被他人获取。优点是，公私钥分开，不安全通道也可使用。缺点是，加解密速度慢，比对称加解密算法慢两到三个数量级，加密强度比对称加密要差。

（3）混合加密。所谓混合加密，就是先用计算复杂度高的非对称加密协商一个临时的对称加密密钥，然后双方通过对称加密对传递的大量数据进行加解密处理。典型的场景是 HTTPS 机制。HTTPS 主要是利用 Transport Layer Security/Secure Socket Layer（TLS/SSL）来实现可靠的传输。

建立安全连接的具体步骤如下：首先，客户端浏览器给服务器发送信息，包括随机数 R1、支持的加密算法类型、协议版本、压缩算法等。其次，服务端返回信息，包括随机数 R2、选定加密算法类型、协议版本和服务器证书。最后，浏览器对带有该网站公钥的证书进行检查。该证书一般由第三方 CA 签发，浏览器和操作系统会预置权威 CA 的根证书。如果证书被篡改作假（中间人攻击），就能立刻被验证出来；如果证书没问题，就会用证书中的公钥加密随机数 R3，发送给服务器。客户端和服务器都拥有 R1、R2 和 R3 信息，就能生成对称的会话密钥，后续通信都会通过对称加密进行保护。

第三节　从治理了解区块链

区块链虽然是一种技术，但既不是典型的硬技术，也不是通常意义上的软技术。何为硬技术？比如，机械发明就是一种硬技术，肉眼可见、伸手可摸。而软技术，比如，支付宝、余额宝等就是典型代表，最近几年已经广泛运用于人们的日常生活。而在区块链中，既包括硬技术，又含有软技术。

区块链涉及相当广泛的硬技术和软技术，介绍和解释区块链涉及众多概念，进而发生概念 A 需要概念 B 解释、概念 B 需要概念 C 解释、概念 C 又回到概念 A 的情况，概念套概念。一个概念不清楚，会阻碍下一个概念和原理。

（一）区块链与传统经济和数字经济的关系

区块链是连接传统经济和数字经济的桥梁。

众所周知，传统经济一共包括三个产业，这些产业都看得见、摸得着、能体验。例如，第一产业中，农业与人们的生活密切相关；第二产业中的加工制造业，生产出来的产品，用户都能直接体验到其使用价值，如桌子或汽车；而第三产业中的看电影、去餐馆吃饭，消费者更能直接感受到。

> 工作量证明难度怎么计算？
> 难度值＝最大目标值÷目标值
> 其中，最大目标值为一个恒定值：
> 0×00000000FFFFFFFFFFFFFFFFFFFFFFFF
> FFFFFFFFFFFFFFFFFFFFFFFFFFFFFFFF
> 难度值的大小与目标值成反比关系。

数字经济是一种新型经济形态，可以将所有的经济行为数字化和数据化。这个数字化和数据化是以计算机0和1语言为基础的，但是，这种数字并不是数字经济的数字。比如，音乐产品，过去音乐的传播主要通过歌唱家的演唱会，歌唱家提供艺术服务，听众享受音乐艺术付款，属于第三产业。之后，有了唱片和磁带，但是传播有限，到了移动互联网时代，音乐可以通过智能手机无障碍传播。因为音乐产业实现了通过0和1的代码改造的数字化。在不知不觉中，每个人都处于既在传统经济中生活、生存、工作，也在数字经济中生活、生存与工作的状态。

区块链是人类经济活动不断扩大、规模不断扩展之后，减少相互信任和相互证明成本的唯一道路。在未来日益复杂的世界，区块链可以彻底解决如何证明"我妈是我妈"的问题。

（二）区块链核心是共识机制

区块链核心是共识机制，共识机制就相当于国家的管理办法，常用的 PoW、PoS、DPoS、PBFT 等共识机制分别对应着现行国家体制。

所谓共识机制，就是所有记账节点之间怎么达成共识，如何认定一个记录的有效性？共识机制既是一种认定方法，也是一种防止篡改的手段。区块链提出的几种共识机制，适用于不同的应用场景，实现了效率和安全性的平衡。

区块链的共识机制具备两个特点：一个是"少数服从多数"，但并不完全指节点个数，也可以是计算能力、股权数或者其他计算机可以比较的特征量；一个是"人人平等"，只要节点满足了相应的条件，所有节点都有权优先提出共识结果、直接被其他节点认同后并成为最终共识结果。比如，比特币采用的是工作量证明，只有控制了全网超过 51% 的记账节点，才可能伪造出不存在的记录。只要加入区块链的节点足够多，就能杜绝造假的可能。

区块链是一种去中心化的分布式账本系统，不仅能用来登记和发行数字化资产、产权凭证、积分等，还能以点对点的方式进行转账、支付和交易；区块链系统完全公开，不可篡改，可以防止多重支付，不依赖于任何第三方。

常用的共识机制有以下几种，如表 1-1 所示。

表1-1 常用的共识机制

常用的共识机制	说明
PoW 工作量证明	该机制的优势在于：算法简单，容易实现；节点间不用交换额外的信息，就能达成共识；要想破坏系统，需要投入极大的成本。缺点在于：浪费能源，无法缩短区块的确认时间；为了减少比特币的算力攻击，新区块链需要找到一种不同的散列算法；容易产生分叉，需要等待多个确认；没有最终性，需要检查点机制来进行弥补
PoS 权益证明	该机制的优势在于：将PoW中的算力改为系统权益，拥有的权益越大，成为下一个记账人的概率也就越大。缺点在于：没有专业化，拥有权益的参与者不一定希望参与记账；容易产生分叉，需要等待多个确认；没有最终性，需要检查点机制来弥补
Pool 验证池	该机制的优势在于：基于传统分布式一致性技术建立，并辅之以数据验证机制，是目前区块链中广泛使用的一种共识机制；不依赖代币，在分布式一致性算法的基础上，可以实现秒级共识验证，适合多方参与的多中心商业模式。缺点在于：能够实现的分布式程度不及PoW机制等
瑞波协议共识算法	该机制的优势在于：每个服务节点都会维护一个信任节点列表，且认为信任列表中的节点不会联合起来作弊；在共识过程中，各个需要共识的交易只接受来自信任节点列表中节点的投票，只有超过一定的阈值，才能达成共识。缺点在于：弱中心化，防攻击能力比较弱
PBFT 实用拜占庭容错算法	该算法经过预准备、准备和确认三个阶段，达成一致性；通过投票达成共识，就能很好地解决分叉等问题，同时提升网络效率，但可扩展性相对较差
Paxos	Paxos被用于分布式系统中典型的例子就是Zookeeper，是第一个被证明的共识算法，其原理基于两阶段提交并扩展。Paxos算法中将节点分为三种类型：（1）Proposer：提出一个提案，等待大家批准为结案，是客户端担任该角色。（2）Acceptor：负责对提案进行投票，是服务端担任该角色。（3）Learner：被告知结案结果，并与之统一，不参与投票过程

续表

常用的 共识机制	说明
Raft	Raft算法是对Paxos算法的一种简单实现，主要包括三种角色：Leader、Candidate 和 Follower，其基本过程：Leader 选举：每个 Candidate 随机经过一定时间都会提出选举方案，最近阶段中得票最多者被选为Leader。同步Log：Leader会找到系统中Log最新的记录，并强制所有的Follower来刷新到这个记录。这里的Log指的是各种事件的发生记录

（三）区块链价值远超互联网

区块链的价值远超互联网，其基本价值主要体现在：

（1）提升效率。效率的指数级提升，是区块链的最显著特征。区块链上信息共享、规则透明，在协作中可以做到效率最大化，只要提供一个共享目标，就能自动运作；同时，只要应用起来，就能完全代替整个领域或局部领域，而非简单的优化。

（2）鼓励生产。区块链是一种自动化的公平的协作链，链上的角色分配，除了原始系统的开发设计者外，区块链上的玩家只有一种角色，即生产者。各生产者通过节点之间的区块广播与其他生产者进行工作同步。

（3）稳定安全。区块链的不可篡改和可溯源特性，让安全成为明显的价值特征。运用分布式系统技术，就能永久保存可保障数据，可溯源、可追索，保障数据的安全，保障公钥、私钥数据信息的安全。

第四节　从金融了解区块链

2018 年 8 月 19 日，在中国企业家俱乐部论坛，马云说过一段话："区块链技术会改变未来 20 年、30 年的金融体系。区块链技术可以被运用于以信任、信用和安全为主要特征的相关行业，对推动社会信用体系的建设起到重要的作用。"

资本市场的重大使命是，发展和完善多层次资本市场，为小微企业提供普惠金融服务。目前，我国资本市场已经形成以主板、中小板、创业板与科创板、新三板、区域股权市场为主体的金字塔式结构。其中，主板、中小板、创业板、科创板与新三板已经为多数行业的优质企业提供了服务，并得到市场认可，其中就包括中小微企业的融资需求。

根据证监会党委工作部署，科技监管局与市场监管二部一起推进了区域股权市场区块链试点工作。前期，两部门联合调研，2020 年 7 月联合启动试点工作，确定北京、上海、江苏、浙江、深圳为试点地区。

出发点。首先，为了呼应全市场的注册制改革，科技监管打造了"规范、透明、开放，有活力、有韧性"的资本市场。其次，金融科技要保障与促进挂牌企业的高质量发展。最后，积极探索新型金融市场，构建顺应数字经济发展的新型要素市场，打造数字新基建。

机制。该试点引入赛马机制，鼓励地方发挥主观能动性，自建符合本地特色的区块链系统，以评价体系来引导试点工作，实现良性竞争。在工作机制上，由证监会牵头组织，金融监管局在地方积极推动，取得地方政府的政策和资源支持，调动各方力量。

> **普通人能参与挖矿吗？**
>
> "挖矿"主要是通过计算机来运行的一种记账程序，普通电脑都可以运行该程序。不过，随着挖矿人数的增加，挖矿难度也不断增加，需要更高性能的显卡来支持运算。之后，挖矿从个人参与逐渐演变为一种专业的行为，矿场也随之产生。目前，普通人可以通过投资矿机、由矿场托管的形式来参与挖矿，也可以购买云算力间接进行挖矿。

方法。搭建区块链双层架构，上层是监管链，下层是地方业务链。证监会负责建设监管链，主要承担监管职能；各区域性股权市场自行建设地方业务链，承担具体业务。

各地方按启动会要求，由金融监管局、证监局和股权交易中心组成地方工作小组。之后，通过业务和技术联系人，与证监会两部门成立的工作组实现对接，取得了如下成果：初步建成双层链架构，实现跨链技术连通；初步形成以链治链的规范，技术验证、数据上链和后台赋能；赛马机制开始发挥作用，各地的政策和业务取得突破，形成技术与业务的评价体系。

本次试点积极响应党和国家号召，在"数据让监管更智慧"的战略指导下，以区域股权市场作为场外市场切入点，抓住区块链创新变革的契机，采用监管与市场同步建设方式，提高了区域股权市场公信力，提升了区域股权市场服务中小微企业融资的能力。

一直以来，中小企业都存在融资难的问题，只有建设和完善多层次资本市场，才能为处于不同发展阶段的中小微企业提供更好的融资平台。利用金融科技，尤其是区块链技术，在区域性股权市场打造新一代金融基础设施，就能为中小微企业的股权融资提供更优质的服务。

（一）传统金融产业的缺点

传统金融产业主要有以下四个缺点：

（1）交易结算的时间较长。传统金融交易时间不断提高，不能在规定的时间内到达。

（2）诚信体系和信任机制存在问题。为了累计信用，传统金融需要严格的交易记录，否则就无法实现融资或贷款。

（3）缺少安全性。传统金融的参与包含很多人为因素，发生错漏的概率也较高。

（4）中介服务成本高。传统金融交易体系的重要收入来源于交易手续费或贷款利息，在跨境交易中，要支付因汇率改变带来的成本。

（二）区块链首先颠覆的就是金融

区块链的第一个应用就是金融行业。

中小企业的第一要务就是融资，传统的融资方法是通过银行去贷款，找基金公司去拿投资，而这些钱最终都来自消费者，具体过程是：消费者把钱存到银行，银行再将钱交给资管公司，资管公司再将钱转移给 PE，PE 再给 VC，VC 再给中小企业。在这个过程中，每经历一个环节，都会带来一定的管理成本和信任成本，还会引发腐败。生产者和投资者都很辛苦，需要承担更大的风险，获得的利润却很少；而处于资本运作的中间环节却会赚得盆满钵满。难怪经济发展会脱实向虚。

在现在的社会体制里，很多机构都在解决信任问题，比如银行、担保公司、会所、律所、公证处等。区块链技术就能解决信任问题。人与人之间、机构与机构之间的信任建立，不需要第三方，直接由不可篡改的公共账本代替。

此外，农业的根本问题也是资金流的问题。资金很难流通，农业很难获得贷款。区块链时代，完全可以把农产品的种植标准、生产要素、生长过程等放在区块链上，让消费者提前以定制化的方式购买，这种方式就叫现货远期交易，可以在链上看到生产标准、产地实况、质检结果等元素。如此，就能解决生产端的风险压力问题。让消费者共同参与、共同生产、共享成果，就能降低双方的成本，让消费者以较低的价格享受到安全农产品。只有将农业的资金流打通，才能真正实现食品安全。

第五节　从商业了解区块链

区块链的商业核心是什么？区块链的免信任、无须信任，以及生态化商业模型，可以用来解决大规模的协作。任何需要多方参与、需要大规模协作才能完成的事情，通常都要运用到区块链技术。以此为基础，创建新的商业创新，用区块链的商业特点、技术特点去创造新的商业模式，才能实现万亿市值、几万亿市值。

如今，区块链的技术原型的角度是到 2020 年的时候已经基本构建完成，未来的 5 年时间，更多的是区块链在技术原型基础上商业的创新。要想从商业角度了解区块链，就要对"互联网与区块链"从商业视角做一个比较。

（1）从技术角度看。从技术角度来说，互联网是 ICT 技术的一部分，是信息通信技术的一部分。如果将互联网看成一系列信息技术的底座，那么信息技术就包括计算机、软件工程、操作系统、2G、3G、4G、5G 等。每项技术都有自己的功能和价值，串在一起，就能形成新的商业。而区块链是一系列数字化技术的底座。这里的数字化技术包括：云计算、人工智能和大数据，跟信息通信有一定的区别。这些信息技术、数字化技术，从工具角度看，有很大的功能，但不将它们串在一起，就很难创造出原生于新的数字技术和商业模式。

（2）从互联网整体来说。从互联网角度来说，互联网解决的是信息自由、无摩擦、发布、交流、交换、互动等问题，区块链解决的是信任自由、无摩擦等问题，能够在彼此之间建立一种信任关系。所有的互联网，从最初的 BBS 到微博，到现在的各种自媒体，都离不开信息的流动。区块链是一种"信任的自由、无摩擦系统"，成本很高。只要将信任成本降到零，人与人之间的关系、人与商业的关系、人与社会的关系、机构与机构之间的关系，都会发生巨大变化。要想促成一笔商业，首先就要建立信任。少了这种信任，商业是不可行的。

（3）互联网商业强调流量变现。互联网平台有一种"流量焦虑"。如今，在社交平台上已经有 9 亿 ~10 亿人，只有找到流量的出口，才能想办法变现。所以，电商平台经济模式的建立，跟社交媒体建立商业模式，完全不同。一个是用生态的办法，把"半条命"交给别人；一个要把流量像黑洞一样吸引过来。不管是寻找流量的入口，还是寻找流量的出口，都在围绕流量来体现你的价值。

（4）互联网是平台经济。区块链不是以平台模式来从事商业上的创新，而是用生态的方式。平台方式，我们可以用一个词汇表示，即 Shareholder，股东资本主义；生态的方式，也可以用一个英文词汇来表示，即 Stakeholder，利益相关者资本主义。在生态模式里，更多强调的是参与方的共同治理、分享和建设。公有链上，既没有股东，也没有董事会，还没有管理层甚至员工，但其选择了一条"极致"路线，带来了很多新的商业创新启示。

（5）互联网商业都是精准画像之下的精准匹配。不管是电商，还是社交媒体，或者视频，或者搜索，到目前为止，其核心都是精准画像下的精准匹配。精准匹配，可以将交易成本降到最低，这是工业经济做不到的。区块链的商业核心不是取代互联网的精准匹配，要想解决大规模的协作，只要运用区块链进行协作，就能完成。

（6）互联网的原生商业不是基于局域网出来的。所以区块链也就不会基于联盟链产生出原生于区块链上新的商业创新。联盟链虽然能够发挥巨大作用，但也只是一种工具，只能提高效率、降低成本、方便沟通。如果想创业或投资，就要从这个角度去看看：某个区块链项目是否值得投资？

（7）互联网商业的经济激励模型是外置的。区块链商业的经济激励模型是内置的，比如电商，要完成闭环，仅靠电商系统还不够，还需要独立的支付。而区块链具有分布式账本，能让区块链技术和互联网技术产生完全不同的区别。区块链是基于分布式计算和分布式存储的一种技术，也是一种分布式账本，互联网却不是。以该网络为基础，再加上所谓的共识算法或博弈论的数学规则，就能建立起分布式的治理架构。

第六节　区块链是第四次产业革命

区块链从业者只是经济主体的小部分，体量上还微不足道，可是区块链是一项生产关系革命，已经被广泛应用于广大的经济体系，让落后的组织结构重新焕发出了组织活力。事实也证明，只有实体经济被区块链赋能，百姓才能能享受到区块链带来的红利。这里，就涉及区块链的一个核心命题：生产关系迭代。

从生产关系的迭代角度来说，区块链就是第四次产业革命。

（一）区块链技术是第四次工业革命的关键

如今，太多的大佬都在谈"AI改变了生产力，区块链改变了生产关系"，而鲜有人提及区块链是如何改变生产关系的，很多人甚至根本就不知道究竟什么是生产关系。

生产关系探讨的是生产者、生产资料和生产成果之间的多边关系，即：原材料是谁的，生产过程是如何分工的，生产出来的东西又该如何分配。而整个人类活动的进行，都是这些关系的组合，包括两口子过日子、家产的归属、家庭分工和家庭收入的分配。区块链技术的强大之处在于，通过资产的再定义和资产流通平台的代码化，让生产关系变得透明可信。具体来说，主要体现在以下三点：

（1）生产资料归个人所有。存储即所有，这个东西是谁的，根本不重要，重要的是它存储在哪里，比如房子存储在国土上，互联网上的数据存储在平台方的服务器里……区块链存储器广泛分布在社区成员手里，不属于单个组织，为了实现博弈均衡，资产定义权被分散给每个人，存储在上面的资产也就成了个人资产，并由一串串的密码锁定，任何人都无法侵犯。

（2）生产者发挥个人所能。生活中，之所以会出现很多矛盾，多数都来源于人不配位。很多人之所以做事低效，多数都是因为没做对自己，比如强行按照老师和家长的要求来选择高校和专业；找工作时，按照市场热门来选择；进入职场，公司论资排辈……这种机制，在一定程度上扼杀了人性中的主动性和积极性，做事自然就不会提高效率。区块链少了森严的等级，每个人都是平等的节点，只有能力大小的区分，没有先来后到，彼此的合作基于社区共识，即使是再小的个体，也能找到自己的小组织，并充分发挥个人所能，做出贡献，并获得奖励。

（3）生产成果归个人所有。《孟子》里有言："劳心者治人，劳力者治于人。"这里的"心"就是一种分配规则，"力"就是执行分配规则。在公司里，只要客户回款在第一时间打到公司账户上，员工也就接受了分配权的制约。

在区块链世界里，只相信代码，每个节点还配有单独的数字账户，每个行为都会以智能合约的方式自动运行。这种点对点的交易模型，推倒了组织和个人的博弈高墙，分配上去中介化，分配权被公认的代码取代，减少了谎言和欺骗。更重要的是，每个节点拥有的资产具有一定的期货属性，能够享受到长期的增值收益。

从根本上来说，每一次的商业革命都是生产关系的变革，从实体经济到互联网经济的转变，同样也遵循了这样的规律：传统实体的核心资产是厂房、设备、货品等不动产；而互联网平台的核心资产则是趴在服务器里的海量数据。这些数据脱离了现实世界的生产资料所有权规则，是互联网平台的私有资产。而区块链经济通过瓦解互联网服务器布局，就能形成新的商业变革，一旦服务器成为所有硬件的标配，分布式存储就会变得更加碎片化。

（二）区块链改变生产关系的原因

区块链是一个去中心化、不可篡改、可追溯的分布式公共账本。这个概念看起来很简单，但事实上，区块链技术的应用会给人类社会带来颠覆性的变化，彻底改变现有的生产关系。原因有二：

（1）机器信任。人类善变，机器却不会撒谎。运用区块链，我们就能从个人信任、制度信任进入机器信任时代。区块链技术不可篡改的特性，可以从根本上改变中心化的信用创建方式，用数学原理而非中心化信用机构来低成本地建立信用。

实现机器信任的意义有多大呢？回顾历史，人类文明是建立在信任和共识的基础上搭建起合作网络，从而使人类成为地球的主宰。最早由直立人进化来的"智人"就是靠其语言能力，使相互间得以协作，建立信任，得以更高效地聚集团队，从而战胜其他不具备这些能力的人种，统一人类。

直到今天，互联网是新一代"大型合作网络"，国家乃至世界都是"大型合作网络"，每一个机构、每一个意见领袖，都是一个超级信任节点，他们的信任依靠长时间的积累，以及高成本的背景去建立。

从个人信任到制度信任是人类的一大进步，人们通过认可符合制度的行为，惩戒违反制度的行为，从而引导人们遵循制度，虽然在一定程度降低了交易成本，但是建立及持续维护制度和国家机器等中心节点的成本依然很高。因此，从生产关系上来讲，构建信任的成本是相当巨大的。并且，依然是存在风险的。

区块链技术用代码构建了一个最低成本的信任方式——机器信任，既不需要相信语言和故事，也不需要实力

> **量子计算机能否摧毁比特币？**
>
> 微软研究表明，解开椭圆曲线离散对数所需的量子位比需要4000量子位的2048位RSA还要少。这些都是完美的"逻辑"量子位。由于误差校正和其他必要步骤，需要更多的物理量子位。不过，虽然目前能够完成这些任务的大型量子计算机还没出现，但正在流通中的加密货币很可能会受到这类量子计算机的影响。

雄厚的中央机构，更不需要个人领袖背书，只要知道哪些区块链上的代码会执行，就能互相协作，低成本地构建大型合作网络。

机器信任无须信任的信任，人类历史将第一次可以接近零成本建立地球上前所未有的大型合作网络。

（2）价值传递。互联网的出现，改变了人们信息传递的方式。本质上，是信息的拷贝，你给对方发送一份文件，自己依然拥有着这份文件。

如今，人类正在从物理世界向虚拟世界迁徙，人类的财富也渐渐往互联网转移，网络上的价值传递或交易，主要依靠网银、支付宝、微信支付等组织做信用背书。但用这种方式实现的价值传递，构建的

信任并不绝对可靠。而区块链是第一个能够实现价值传递的网络，完全可以带领人类从信息互联网过渡到价值互联网的伟大时代。

网络实现价值传递的意义就在于此！在人类社会中，价值传递的重要性与信息传播不相上下。互联网带来的信息高效流动，使地球变成了"地球村"。但互联网价值传递的效率很低，互联网上的电子货币依然是传统纸币，跨国支付依然存在问题，运用区块链技术，就能构建人类价值传输网络，方便、低成本地传递价值。

（三）区块链的未来革命性应用

目前，整个区块链产业还处在萌芽阶段，行业的基础设施还不完备，还没有建立标准。更重要的是，公链表面上看起来是一种技术创新，实则是商业社会的经济流转设计，需要更多的商业经验和金融经验；比特币的应用场景刚需、痛点强、规模大、壁垒高，让钱实现了无成本流通，一旦建立了这种信任，就很难改变。

未来的商业公链要具备清算、商业活动、经济流转、价值转换、高并发、安全、极速等诸多功能。目前，除虚拟经济外，即将在实体行业落地的经济主要有供应链金融、普惠金融和共享经济。

（1）供应链金融。主要应用于中心化的大企业。以自我为中心，将销售和供应、金融上链形成一个闭环，去掉供应链的融资成本，增强了核心竞争力。

（2）普惠金融。主要应用于政府扶贫款的发放。将扶贫对象的行为轨迹、各级政府的办事记录上链，就能综合评估授信，发放贷款，定向消费。如此，就去掉了中间环节，降低了坏账风险和放款成本。

（3）共享经济。跟分布式技术的结合，运用通证经济的流转，才能大放异彩。以共享农庄为例：农业的痛点供应链长、缺乏信任、无法金融的重资产、产销不对称、非标严重。区块链的特性可以解决陌生信任、去中介、科技金融、标记通证等问题，农业的亮点高频、刚需、受众广、天花板高、利润空间大是通证经济流转的必需因素，在区块链时代农业必然会独占鳌头。

第七节　数据时代区块链的重要性

区块链因比特币而为人所知，区块链不仅仅是比特币、以太坊等加密数字货币，比特币只是区块链第一个应用代表而已。从宽泛的区块链角度来说它应该包括通证经济和数字货币。对于我们普通人来讲，学习区块链思维非常重要。

所谓的区块链思维就是通过去中心化和去中介化来建立陌生人之间的信任，打破以往通过传统中介来完成信息流、价值流、实物流的弊端，从而提升工作效率和协同效率，彻底解决生产关系的对立层面，从而大大解

> 如何认定一个区块链项目是骗局？
>
> 　　如果白皮书中没有讲到区块链的必要性或理由不充分、没有落地应用场景，只讲一些大空话，往往是骗局。判断一个人是否在操作骗局，简单的方式就是，看看这个人是不是一直在募资，而没有实际的成功案例；同时，如果项目历程无从查证，多半都是骗局或传销。

放生产力。

区块链是一个底层技术，可以解决数据的存储、安全以及生产关系的治理，不能独立使用，需要配合大数据、云计算等综合应用。

如今，很多企业和创业者都在这个数据上吃了很多的亏。比如，有几个公司在做医疗大数据，第一时间想到的就是医院数据。结果，花了很多年的时间烧掉几个亿，却发现这些数据无法使用。首先，医院的数据是数据孤岛，很难对外界开放；其次，医院的数据误差率非常高，再加上填写方式不同、调取方式不同，把这些数据拿出来时，就会发现成本远比价值高。要想解决这个问题，就要通过产业来进行。比如，针对农业生产，可以把温光水肥、种子、种苗、药肥、农技等各生产要素建立一个模板，预设一定的算法，然后通过物联网直接上传数据，用区块链进行存储，最后再给 AI 使用。

区块链思维就是开放思维，协同思维，信任思维，价值思维，解放思维！如果说加密数字货币让极客和密码朋克专家着迷，那么将来的区块链一定要服务实体，做价值转换！区块链是真正意义上可以让实体经济快速获得新的增长引擎，让金融、政务、慈善、版权、税务、保险理赔、产品溯源、智慧城市管理，真正可以获得改善和提升！

（一）区块链的基本功能

关于区块链的基本功能有不同的说法，我更倾向于这样两个方面：

（1）区块链是一种新基础结构。如同电、水、公路、互联网等一样，区块链是一个全新的基础结构。在未来的设计中，缺少区块链的基础结构，一般都不是完美的，甚至不能运行。在不远的将来，区块链必然会进入社会生产、产业体系、政府管理和家庭生活。

（2）区块链是一种经济组织。一旦区块链得到普遍运行，人们就能运用区块链来重新组织经济活动。例如，将区块链运用于企业、班组或矿井，就能重新组织经济活动和经济行为。

（二）区块链技术最重要的价值

区块链的设计理念和思维都异常精巧，不仅能推进经济社会相关领域规则体系的重构，改变人与人、人与组织、组织与组织之间的协作关系和利益分配机制；还能有效解决"双花问题"，避免同一笔数字资产因不当操作而被重复使用。如此，就为解决数字资产确权和交易流通提供了解决方案。

构建适应数字经济发展的新型生产关系，是区块链技术最重要的价值所在，具体体现如下：

（1）减少中间环节，降本增效。在经济社会生活的各个领域中，存在大量寻租性中介组织，有些组织不会创造真实价值，只会垄断业务信息或数据，谋取利益。通过区块链的创新应用，可以构建起基于技术的经济行为自组织机制，大幅提高数据获取、共识形成、记账对账、价值传递等的效率，打通上下游产业链，减少不必要的中间环节，提升各行业供需的对接效率，为社会公众和商事主体减负，促进实体经的降本增效。

（2）助力数字资产确权，激发活力。在数字经济时代，数据资源变得越来越重要。基于区块链的分布式、不可篡改、可追溯、透明性、多方维护、交叉验证等特性，数据权属可以被有效界定，数据流通能够被追踪监管，数据收益能够被合理分享，为数据生产要素及其他数字资产的高效市场化配置扫除障碍，扭转目前数据拥有、使用和利益分配日趋集中的趋势，推动数字经济向着更加可信、共享、均衡的方向发展，释放数字经济的活力。

（3）缩短信任的距离，拓展协作空间。人类近代生活方式的改变与进步，都跟科学技术的发展有着直接联系。在扩展人类活动疆域的同时，科技革命都会辩证地缩短彼此的距离；而每一次重大的科技变革总会伴随着某种意义上"距离"坍塌，为人们带来了便利。例如，交通工具的发明，拓展了人类的活动半径，缩短了人们地理上的距离；互联网的发明，拓展了人类获取信息的半径，缩短了信息的距离；人工智能的发明，拓展了认知的半径，缩短了认知世界的距离。即使不依靠权威中心和市场环境，区块链也能形成基于密码算法的信任机制，使得远隔万里的陌生人建立起信任关系，使得合作成为可能。尤其是在一些市场机制不健全、信用体系缺失的地区和领域，区块链技术的价值更显珍贵。

（4）驱动互联网革命，加快价值传递。过去的20年，人类社会经历了互联网的全面洗礼和再造，"互联网 +"的初选，让相关行业领域产生了天翻地覆的变化，人们的生活更加便捷，经济活动更加活跃，社会更加公平开放。然而，互联网虽然解决了信息的传播问题，但内容的真假还无法判断，数字资产的转移还存在很多障碍。同时，互联网充斥着的虚假信息越来越多，甚至还引发了各种新型欺诈行为，人们对互联网是既依赖又戒备。基于区块链技术，就能构建一种可信任互联网，解决传统互联网的陌生人信任问题，让数字资产在互联网上高效流通；可以保护互联网上的数字资产和知识产权，让人们对互联网放下戒心，创造出更多有价值的应用。

（5）强化诚信体系约束，净化市场环境。区块链是构建信任的机器。将区块链和实体经济深度融合起来，就能打造便捷高效、公平竞争、稳定透明的市场环境。在市场机制不完善和诚信体系不健全的地区和领域，运用区块链技术不可篡改、可追溯等技术特征，就能创新信任机制。

在传统模式下，市场监管的工作量大、执行难度高，由于行政执法资源及监管手段的不足，被社会大众广为痛恨的老赖现象、假货现象、欺诈行为屡禁不止、难以杜绝。区块链技术可形成无须中介机构和法律法规为前提条件的自组织和自监管机制，其分布式账本的不可篡改、不可抵赖、不可操控性事实上起到了对各类经济行为进行技术监管的作用。这有利于解决中小企业贷款融资难、银行风控难等问题；通过全程记录商品生产和交易流通过程，大幅降低假冒伪劣、以次充好等各类市场欺诈行为，解决市场监管难等问题。

第八节 区块链在未来生产生活中的作用

随着各国政府投入力度的不断增加，随着央行数字货币 DCEP 的陆续落地实测，区块链技术在各领域的应用发展也进入了疯狂加速期。区块链为组织架构管理方式带来了重大变革，比如应用智能合约，能够固化已有的业务流程，实现智能化和自动化，减少人为干预。

如今，区块链已经带来整个业务、整个机构、整个行业，甚至整个社会的管理方式的革新，实现了社会组织与生产关系的升级转变，尤其在即将大力推进的"新基建"的建设过程中，区块链技术体系与思维方式也正逐渐成为各项基础设施的"基础设施"。

（一）公共管理上链

2020 年 5 月 15 日，南京江北新区泰山街道成功举办了"链通万家"公共管理事项"链上"投票启动仪式。江北新区在国内率先开启依托区块链技术保障小区公共管理事项投票决策的先河，在街道网格化治理优势基础上，进一步整合资源、优化配置、健全机制，借力科技赋能"家门口"服务，持续提升了群众的幸福感和满意度。

泰山街道是江北新区经济社会发展的主阵地，街道总面积 52.62 平方公里，共有 105 个住宅小区。其中，有物业小区 83 个，住宅总建筑面积超过 1443 万平方米。自 2019 年以来，泰山街道以解决物业管理问题为"区块链＋社会治理"的切入点，选取了柳洲社区爱上城六期 1751 户、大华社区香鸢美颂 2069 户居民为试点对象，引进"链通万家"小程序，植入基于区块链的小区公共资金监管体系和公共事项表决机制。

活动当天，近百位小区业主通过"链通万家"微信小程序，对"楼顶平台安装监控"和"小区内增设文体设施"两项提案进行投票表决，投票有效期为 10 天。目前，两个试点小区"链通万家"注册率已达 70% 以上。

泰山街道创新推出的"区块链＋社会治理"模式，依托区块链技术，大幅提升了基层社会治理的经济效益与社会效益。科学合理地管控和运营小区自有资金，不仅可以推动资金管理制度变革，降低资金监管和运营的综合成本；同时，以小区自身收益为主，还能进一步夯实小区内民生保障和改善的财力基础，建立可持续发展的小区治理体系。

（二）健康医疗大数据

健康医疗大数据行业是一个由上、中、下产业组成的产业链，上游是医疗、健康机构等数据供应商或存储计算云服务商；中游为产业链核心企业，多数是以大数据挖

> **区块链为什么会分叉？**
>
> 区块链分叉源于区块链系统的升级，每次升级都可能伴随区块链共识规则的改变。在整个网络中，升级了系统的节点与未升级系统的节点在不同的规则下运行，就会出现分叉。

掘为核心的技术型企业，聚集了大量健康医疗数据，可以在分析及可视化后赋予数据价值；下游为应用场景，包括医院、药企、政府、保险、PBM 等。

首先将区块链应于健康产业的城市是深圳，该项目就是"蒟医"，其以建立全民健康大数据作为目标。该实验平台涉及健康数据、商业交易、知识分享、会员激励、金融结算、在线医疗服务等多个系统，区块链作为底层技术被应用其中。区块链应用涉及这样几个问题，即共识算法、生态拓扑结构、价值网络协议、协同融合计算和上层应用生态等，促进了区块链和价值互联网的更广泛应用。

（三）区块链推动传统产业数字化转型

传统产业完成数字化的转型，区块链可以提供关键技术。区块链应用共有两条思路：

一条思路是将区块链和新型产业结合在一起，形成新型产业化的区块链。例如，"抖音"基于数字经济产生天然贴近数字化，并且基于区块链不可篡改、可溯源特性，因此"抖音"选择用区块链技术来保护版权。

另一条思路是区块链与传统产业结合，为传统产业数字化转型赋能。如今，要想解决"如何改造传统产业""怎样实现应用和赋能"等问题，进展相对困难，需要将链条分解成不同的环节，把各环节连接在一起，而这个过程完全可以用联盟链来解决。

第二章　区块链的昨天、今天和明天

第一节　区块链发展的六个阶段和三个时期

区块链是由一系列技术实现的全新去中心化经济组织模式。2009年比特币系统构建，2017年成为全球经济热点，但区块链的成功应用却很少，该新兴产业还远未成熟。

（一）区块链发展的六个阶段

> 什么是挖矿？何为矿机？
>
> 利用芯片进行一个与随机数相关的计算，得出答案后，以此换取相应的数字货币作为奖励，就是挖矿。随着算力的不断增加，使用计算机挖矿的成本越来越高，出现了专门获取数字货币的机器，即矿机。

为了便于理解区块链的历史与趋势，我们可以把区块链的发展划分为六个阶段。

1. 技术实验阶段（2007—2009 年）

比特币创始人中本聪从 2007 年开始探索，打算用一系列技术创造一种新的货币——比特币。2008 年 10 月 31 日，中本聪发布《比特币白皮书》；2009 年 1 月 3 日，比特币系统开始运行。支撑比特币体系的主要技术包括：哈希函数、分布式账本、区块链、非对称加密、工作量证明等，这些技术构成了区块链的最初版本。

2007~2009 年底，比特币都处在一个极少数人参与的技术实验阶段，相关商业活动还没有真正开始。

2.极客小众阶段（2010~2012 年）

2010 年 2 月 6 日，全球首个比特币交易所诞生。

同年 5 月 22 日，有人用 10000 个比特币购买了 2 个披萨。

2010 年 7 月 17 日，比特币交易所 Mt.gox 成立，比特币真正进入了市场。狂热于互联网技术的极客，进入市场参与比特币买卖。仅用了四年时间，部分人就变成了亿万富翁，打造了区块链传奇。

3.市场酝酿阶段（2013~2015 年）

2013 年初，比特币价格为 13 美元。

3 月 18 日，金融危机中，塞浦路斯政府关闭了银行和股市，比特币价格一路飙升，4 月最高至 266 美元。

8 月 20 日，德国政府承认比特币的货币地位。

10 月 14 日，中国百度开通了比特币支付。

11 月，美国参议院听证会明确了比特币的合法性。

11 月 19 日，比特币达到 1242 美元新高！

可是，即便如此，区块链还不具备进入主流社会经济的基础。之后，随着中国银行体系的遏制、Mt.Gox 倒闭等事件的发生，触发了大熊市，比特币价格持续下跌，2015 年初一度至 200 美元以下，企业纷纷倒闭。

虽然在这个阶段，大众开始了解比特币和区块链，但是还没有普遍认同。

4. 进入主流阶段（2016~2018 年）

2016 年 6 月英国脱欧，9 月朝鲜第五次核试验，11 月特朗普当选，世界主流经济不确定性增强，比特币开始复苏，市场需求增大，交易规模快速扩张。韩国、日本、拉美等市场快速升温，比特币价格从 2016 年初的 400 美元快速飙升，2017 年底价格翻了 50 倍，即 20000 美元。

比特币的造富效应，以及比特币网络拥堵造成的交易溢出，带动了其他虚拟货币和区块链应用的大爆发，出现了增值百倍、千倍，甚至万倍的区块链资产，引发了全球的疯狂追捧，比特币和区块链进入全球视野。

5. 产业落地阶段（约 2019~2021 年）

2018 年，虚拟货币和区块链在市场、监管、认知等方面进行调整，回归理性，随着市场的降温，多数区块链项目消亡，只有少部分坚持下来。2019 年这些项目初步落地，但需要时间的检验，需要不断试错，产品和企业的更迭比较快。2021 年，在区块链适宜的行业领域，一些企业必然会稳步发展起来，加密货币也会得到广泛应用。

6. 产业成熟阶段（约 2022~2025 年）

各区块链项目落地见效后，就会进入激烈而快速的市场竞争和产业整合阶段，继而形成行业龙头，完成市场划分，形成区块链产业格局，相关法律法规基本健全；区块链对社会经济领域的推动作用快速显现，加密货币成为主流货币，经济理论出现重大调整，社会政治文化发生变化，区块链将对人们的生活产生广泛影响。

目前，我们对区块链已经有了足够的社会认知，但认知深度尚显不足，需要深入推进区块链知识的研究和普及，促进产业的成熟发展。

（二）区块链应用发展的三个时期

区块链应用发展的三个时期，都有不同的表现，具体内容如表 2-1 所示：

表2-1　区块链应用的三个时期

时期	时间	说明
区块链1.0加密货币时代	2008~2013年	2008年，中本聪首次提出了"比特币"和"区块链"的概念；2009年1月，第一个区块链问世。该阶段，人们关注的是加密货币的交易，区块链只是一种底层技术，充当"公共账簿"的作用
区块链2.0智能合约时代	2014~2017年	2014年，"区块链2.0"成为去中心化区块链数据库的代名词。在这个阶段，人们主要关注平台的应用。任何人都可以在区块链上上传和执行智能合约，执行完毕后会自动获得奖励，不需要任何中介，可以很好地保护人们的隐私
区块链3.0大规模应用时代	2018年以后	2018年以后，人们开始构建完全去中心化的数据网络，区块链技术的应用也不再局限于经济领域，扩大到艺术、法律、房地产、医院、人力资源等多个领域

第二节　区块链产业的发展现状

如今，我国已经开始全面布局区块链产业。截至 2019 年上半年，国家及各部委出台的有关区块链的政策总数已达 12 项，北京、上海、广州、浙江等全国许多省（市、区）发布政策指导文件。我国区块链技术创新和应用研发蓬勃发展，已经在银行、保险、供应链、电子票据、司法存证等领域得到应用验证。比如，北京、上海、深圳等地先后成立了区块链联盟；截至 2018 年 3 月，以区块链业务为主营业务的公司数量已经达到 456 家；截至 2019 年 6 月，全国共有区块链企业 704 家。

2019 年 1~6 月，位居我国区块链项目融资数量 Top10 的地区是北京、上海、广东、重庆、浙江、海南、四川、天津、河北、台湾。我国区块链产业链现阶段主要以 BaaS 平台、解决方案、金融应用居多，占比分别为 9%、19%、10%；其次是数据服务、供应链应用、媒体社区，占比分别为 8%、6%、5%；信息安全、智能合约、能源应用等方面占比较少，占比均为 2%。

（一）国内区块链产业现状

现阶段，中国区块链应用发展现状可归纳如下：

（1）金融及企业服务应用是主力军。目前，中国区块链应用主要集中在金融服务和企业服务领域，占比超过 80%。其中，金融服务应用主要包括跨境支付、保险理赔、证券交易、票据等；企业服务应用主要集中在底层区块链架设和基础设施搭建，为互联网及传统企业提供数据上链服务，包括数据服务、BaaS 平台、电子存证云服务等。

（2）区块链在政务民生领域重点探索。政务民生是我国区块链落地的重点示范高地，相关应用落地集中开始于 2018 年，如今全国多个省（市、区）已经将区块链写入政策规划，并进行项目探索。在政务方面，主要应用于政府数据共享、数据铁笼监管、互联网金融监管、电子发票等领域；在民生方面，主要应用于精准扶贫、个人数据服务、医疗健康数据、智慧出行等领域。

（3）数字身份领域备受关注。目前，国内技术企业发起的基于区块链的数字身份项目共有 200 多个，包括阿里巴巴、中国移动等。随着物联网技术的不断发展，基于区块链的个人数字身份认证和设备身份认证应用也将成为区块链产业发展的中坚力量。

> **数字货币的价值本质是什么？**
> 数字货币是一种去中心化的、透明且安全的数字资产。货币的价值建立在人们的信任基础上，同时又受到供需关系的影响，但是交易的发生一般都基于人们对现实需求和未来价值的判断。

（4）区块链应用多方布局。区块链技术与实体经济产业深度融合，形成了一批"产业区块链"项目，实体经济产业区块链获得较大发展。

（5）区块链技术与应用发展迅猛，专利申请量快速增长。截至

2019 年 7 月 25 日，全球公开区块链专利的申请数量高达 1.8 万多件，中国在全球专利占比份额超过半数，是美国申请专利的三倍。

（6）区块链赋能数字经济模式创新。区块链是一种新型信息基础设施，打造了数字经济发展新动能，与各行业传统模式相融合，降低了成本，提高了产业链协同效率，构建了诚信的产业环境。

（7）供应链协同领域逐渐落地。基于区块链的供应链应用，将供应链上的各参与方、各环节的信息上链，实时上链，实现了数据和信息的共享和协同，使国内企业的供应链管理及物流成本得到有效控制。

（8）区块链企业集中在一线城市，主要用于金融行业和实体经济。从拥有区块链企业数量来看，北京、上海、广东、浙江等位于前列，接近一半企业从事金融行业和实体经济应用。

（9）区块链在金融服务领域的成效显著。目前，国内一定数量的金融业应用已经通过了原型验证和试运营，涉及供应链金融、跨境支付、资产管理、保险等细分领域。

（10）区块链助力产品溯源领域。日益增长的商品溯源需求迅速推动了溯源行业的发展，区块链打造了一种去中心、价值共享、利益公平分配的自治价值溯源体系。

（二）区块链适合什么行业

区块链技术可以提供去中心化、不可篡改、高信任度、可追溯、匿名性、分布式账本等多重功能保证，可以运用到很多行业，各行业都可以从自身需求入手，跟区块链技术结合起来。

（1）物联网和供应链结合。供应链行业会涉及很多实体，如资金、物流、信息等。区块链的去中心化等核心特征，可以对物品、物流进行实时追溯，利用智能合约加强信任。区块链的开放透明性，使得所有人都可以实时查询，减少时间和金钱成本，提高合作效率。私钥、公钥的匿名性能够保护消费者隐私，不可篡改性能够对商品销售和售后服务进行保障。

（2）博彩与区块链结合。博彩行业，比如美国的 Powerball（强力球彩票），每天约有一千万美元的收入。收入之所以如此高，关键在于政府背书，产生了很高的信任，而区块链技术能够很好地代替政府的信任作用。

（3）金融与区块链结合。金融领域是区块链运用较早较广的一个领域之一，区块链技术可以运用到金融的结算和清算、数字货币、跨境货币、跨境支付、保险、证券等多个应用。

（三）全国各地区块链市场规模对比

全国各地区的区块链规模，可以从融资金额、融资数量和地理分布三个角度进行分析和比较，如表 2-2 所示：

表2-2　各地区块链市场规模对比

角度	说明
融资金额	2019年上半年，香港的区块链项目融资金额远超国内其他城市，占比约41%。同时，也是唯一一个融资金额超过10亿元的城市。杭州市的融资金额为7亿元，占比全国前十总量的28%；北京市位列第三，融资事件较多，融资数额约占全国区块链融资总额的18%；广州市融资额超过2亿元，约占全国区块链项目融资总额的8%

角度	说明
地理分布	除北京外，区块链相关企业注册地点大多在沿海省市，与区块链相关的融资事件也多在沿海地区。据统计，全国共有22个区块链产业园区，主要集中在华东、华南等地区，其中浙江省和广东省各有4家，并列全国区块链产业园区数量首位。从城市分布来看，杭州、广州、上海最多，三大城市区块链产业园数量占比全国50%以上
融资数量	北京独占鳌头，共发生了36起融资事件，是国内发生区块链融资事件最多的城市，占据全国(包括港澳台)前十榜单中融资数量总数的50%左右。上海、深圳、香港和杭州紧随其后，分别发生了9起、6起、6起、4起

（四）中国各地方政府出台的区块链相关政策

目前，为了促进区块链的健康发展，我国各地方政府已经出台了关于区块链的政策，现举例如下：

（1）贵阳。2017年5月，贵阳高新区推出《贵阳国家高新区促进区块链技术创新及应用示范十条政策措施(试行)》，为入驻、运营、成果奖励、人才、培训、融资、风险、上市等提供政策支持；6月7日，贵阳市发布《关于支持区块链发展和应用的若干政策措施(试行)》，推进区块链发展和应用，促进区块链各类要素资源的集聚。

（2）长沙。2018年6月22日，长沙经济技术开发区管委会下发《长沙经开区关于支持区块链产业发展的政策(试行)》，拿出区块链产业基金30亿元，投资区块链企业；区块链企业自落户之日起，3年内给予最高200万元的扶持资金。

（3）北京。2018年12月，北京市西城区发布《关于支持北京金融科技与专业服务创新示范区(西城区域)建设若干措施》，大力扶持金融科技应用示范，倡导安全、绿色、普惠金融服务，对人工智能、区块链、量化投资、智能金融等前沿技术创新最高给予1000万元资金奖励，助力城市智慧运行。

（4）福建。2019年3月20日，福建省政府办公厅印发《2019年数字福建工作要点》，在数字经济方面，积极创建国家数字经济（福厦泉）示范区，加快建设福州软件园县（市、区）分园，推动数字福建（长乐）产业园、马尾物联网基地产业聚集；同时，支持福州创建区块链经济综合试验区。

（5）云南。2019年4月15日，云南省政府网站公布的《云南省实施"补短板、增动力"省级重点前期项目行动计划(2019—2023年)》提出，推动数字产业化，以区块链技术应用为突破口，引进一批区块链创新企业，率先在跨境贸易、数字医疗、数字小镇实现区块链示范应用场景落地。

（6）杭州。2019年6月20日，浙江省数字经济发展领导小组办公室、省经信厅、省大数据发展管理局联合印发了《浙江省"城市大脑"建设应用行动方案》；10月29日，由中国互联网金融协会和世界银行共同支持建设的全球数字金融中心在杭州正式成立。

（7）山东。2019年7月19日，山东省印发《山东省支持数字经济发展的意见》，提出：到2022年，重要领域数字化转型率先完成，数字经济规模占全省地区生产总值比重年均提高2个百分点；将数字产业打造成山东的支柱产业，做大做强大数据、云计算、物联网等核心引领产业，超前布局区块链等前沿新兴产业。

（8）深圳。2019年8月18日，中共中央、国务院发布了关于支持深圳建设中国特色社会主义先行示范区的意见。意见指出，支持在深圳开展数字货币研究与移动支付等创新应用。

（9）上海。2019年9月6日，上海市发布《2019上海区块链技术与应用白皮书》，从企业、技术、应用、人才培养等多个维度详细解读了国内外，特别是上海地区区块链产业的发展现状。

（10）河北省（雄安）。2019年10月10日，省政府第65次常务会议通过了《中国（河北）自由贸易试验区管理办法》，支持雄安片区数据资产交易。

第三节　区块链的未来发展趋势

说起区块链，很多人的第一印象都是比特币。刚刚过去的2020年，比特币3月暴跌，5月第三次减半，12月创历史新高，这过山车般的起伏，让很多人心绪不宁。

其实，除了这些起伏，2020年还发生了很多区块链大事件，比如Libra2.0白皮书发布、DeFi（Decentralized Finance，即"去中心化金融"）大爆发、PayPal宣布支持比特币支付、数字人民币公开测试等，这些都标志着区块链已经走出币圈、走入产业，成为产业发展的催化剂。

（一）区块链未来十年的应用前景

那么，区块链未来十年的应用前景又将如何？

（1）区块链市场规模将成倍增长。对企业来说，数字化转型不是一种选择，而是至关重要的生存前提。企业发展面临着巨大的压力，迫切需要加快数字化转型流程。未来几年，区块链技术的业务运作方式可能会发生最具变革性乃至戏剧性的变化。许多行业都把区块链作为一种有助于推进数字化转型的强大工具，区块链技术大受欢迎。随着众多领域的数字化转

> **为什么区块链可以做到不可篡改？**
>
> 区块链是从零开始有序地链接在一起的，每个区块都指向前一个区块，称为前一个区块的子区块，前一区块称为父区块。每个区块都有一个区块头，里边包括父区块头通过算法生成的哈希值，通过该哈希值可以找到父区块。父区块出现改动，父区块的哈希值也会发生变化，子区块哈希值字段也会发生改变，以此类推，后边的子子区块、子子子区块都会受影响。如果一个区块有很多后代，就需要重新计算，但需要耗费巨大的计算量。所以，区块链越长，区块历史越无法改变。

型，以区块链为代表的分布式分类账技术也迎来了长足进展。

（2）区块链将成为产业互联的基石。区块链不是一项新技术，而是一系列技术的组合，比如云计算、分布式数据库存储、非对称加密技术……这些技术组合在一起，形成了区块链。在商业合作过程中，最大的难点有两个：第一是建立信任难，第二是数据分享难。如今的商业信任主要依赖于人工审核，或引入第三方公证机构，成本高、流程长，运用区块链技术，就能通过分布式账本和网络共识，让网络节

点上的各方加密技术在保护下进行数据分享，该数据还不可篡改、可追溯。

（3）安全问题陆续出现。区块链系统具有公开透明、难以篡改、可靠加密、防 DDoS（Distributed Denial of Service，即分布式拒绝服务攻击）攻击等优点，但受到基础设施、系统设计、操作管理、隐私保护和技术更新迭代等多方面制约，要想提高安全性，不仅需要强化技术和管理，还要加强基础研究和整体防护。

（4）BaaS 有望成为公共信任基础设施。未来，云服务企业会越来越多地将区块链技术整合到云计算的生态环境中，通过 BaaS（Blockchain as a Service，即区块链即服务）功能，降低企业应用区块链的成本，降低创新创业的初始门槛……一句话，BaaS 有望成为公共信任基础设施。

（5）区块链向非金融领域渗透。未来，区块链的应用将由两个阵营推动：①IT 阵营从信息共享入手，以低成本建立信用为核心，逐步覆盖数字资产等领域。②加密货币阵营从货币出发，逐渐向资产端管理、存证领域等推进，同时向征信和一般信息共享类应用扩展。

（6）专利争夺更加激烈。随着参与主体的逐渐增多，区块链的竞争将越来越激烈，竞争方向主要有技术、模式、专利等。未来，企业会在区块链专利上加强布局，各国在区块链专利的争夺也将日趋激烈。

（7）催生多种技术方案。未来，区块链应用将实现多元化发展，票据、支付、保险、供应链等不同应用，在实时性、高并发性、延迟和吞吐等多个维度上将高度差异化，技术解决方案也更加多样化。

（8）跨链协作成为必然。随着区块链应用的不断深化，支付结算、物流追溯、医疗病历、身份验证等领域的企业或行业，都将建立区块链系统，众多区块链系统间的跨链协作与互通必将成为必然。

（9）监管遇到更多的机会。区块链的去中心化、去中介和匿名性等特性，给监管带来了机遇。企业积极迎合监管需求，在技术方案和模式设计上主动内置监管要求，合规运作，就能节约成本。

（10）企业应用是主战场。未来，区块链应用会被运用于实体经济，更多的传统企业会使用区块链技术来降成本、提高协作效率。

（二）我国如何推进区块链行业发展

在区块链领域，我国已经打下了不错的基础，要想加快推动区块链技术和产业创新发展，积极推进区块链和经济社会融合发展，可采取的方法如下：

（1）关注区块链技术发展现状和趋势，提高运用和管理区块链技术的能力，在建设网络强国、发展数字经济、助力经济社会发展等方面，将区块链技术的作用充分发挥出来。

（2）推动协同攻关，推进核心技术突破，为区块链应用发展提供安全可控的技术支撑；加强区块链标准化研究，提升国际话语权和规则制定权。

（3）加强人才队伍建设，完善人才培养体系，打造多种形式的高层次人才培养平台，培育一批领军人物和团队。

（4）构建区块链产业生态，加快区块链和人工智能、大数据、物联网等融合，推动集成创新和融合应用。

（5）强化基础研究，提升原始创新能力，走在理论最前沿、占据创新制高点、取得产业新优势。

（6）建立适应区块链技术机制的安全保障体系，引导区块链开发者和平台运营者加强行业自律。

（7）加强对区块链安全风险的研究和分析，跟踪发展动态，积极探索发展规律。

（8）加快产业发展，发挥好市场优势，进一步打通创新链、应用链和价值链。

（9）落实安全责任，把"依法治网"落实到区块链管理中。

（10）加强对区块链技术的引导和规范。

第四节　国家为什么要禁止虚拟货币

2019年3月，周先生接到比特网交易所"杰克"的来电，虽然知道这是推销电话，但想到自己手头有些闲钱，听说虚拟货币前景很不错，便跟"杰克"聊了起来。

"杰克"把周先生拉进一个比特币投资微信群。群里热火朝天，"叮咚"声不停，不是专业老师发送的投资分析建议，就是群友盈利的截图，最令人眼红的是有位群友听了老师建议，一晚赚了上百万元。

周先生果断下载了"杰克"发来的"比特网 APP"并注册了账户。

第一天，周先生根据老师建议进行操作，一晚就赚了 4 万元。之后，虽然老师依旧带单，但周先生输多赢少，仅用了几天时间，在平台充值的 20 万人民币，只剩不到 3000 元。

经不住微信群里"捷报"诱惑，以及老师拍着胸脯保证倾囊"相授"，周先生为了翻本，向亲朋好友借了外债，甚至把房子抵押贷款，向平台充值 100 多万人民币，结果全部血本无归。

周先生醒悟过来，最终报了警。

其实，现实中像周先生这样被骗的客户很多，一步步落入了骗子的陷阱：

他们在网上搜索比特币等关键词时进入比特网推广界面留下手机号。销售人员拨打客户电话，从套近乎开始，持之以恒地鼓吹：投资虚拟货币，小白也能操作，市场行情只涨不跌，随手可以捡钱。客户被销售人员拉入微信群，其实群内老师和客户，多数都是是平台销售扮演的"托"。

客户最先尝到一些甜头后，指导老师就会随意喊单，结果客户迅速亏损、爆仓；同时，利用投资人翻本的心理，引诱他们继续追加资金，结果投得越多亏得越多。其实，在销售人员的引诱下投入资金，这些资金会流入平台控制人的个人账户，客户看到的或赚或亏以及账户上的余额仅仅是数字而已。

这个"比特网 APP"并不是一个真正的虚拟货币交易平台，而是诈骗团伙"自主研发"搭建的一个虚假交易平台，根本就没有获得国家主管部门的批准。

> **何为非对称加密算法？**
>
> 加密算法是密码学的一种算法，需要两个密钥，一个是公开密钥，用作加密；另一个是私有密钥，用作解密。使用一个密钥把明文加密后所得的密文，只能用对应的另一个密钥才能解密得到原本的明文，甚至连最初用来加密的密钥也不能用作解密。由于加密和解密需要两个不同的密钥，故被称为非对称加密。

在很多宣传中，"虚拟货币"被定位为"货币"或"金融投资产品"，但不论如何认知，可以肯定的是，在金融范畴内，"虚拟货币"并非"货币"。

"虚拟货币"不是由货币当局发行的，不具有法偿性与强制性等货币属性，不具有与货币同等的法律地位，也不能作为货币在市场上流通使用。从性质上看，比特币是一种特定的虚拟商品。

（一）虚拟货币的特征

虚拟货币的特征如下：

（1）容易违法。不法分子通过公开宣传，以"静态收益"（炒币升值获利）和"动态收益"（发展下线获利）为诱饵，吸引公众投入资金，利诱投资人发展下线人员，扩充资金池，具有非法集资、传销、诈骗等行为特征。

（2）较强的欺骗性、诱惑性和隐蔽性。利用名人"站台"宣传、空投"糖果"等诱惑，宣称"币值只涨不跌""投资周期短、收益高、风险低"，具有较强蛊惑性，通过幕后操纵，不法分子就能非法牟取暴利。

（3）网络化和跨境化。依托互联网、聊天工具进行交易，利用网上支付工具收支资金，风险大、扩散快。

（二）被滥用从事犯罪活动

国内持有和交易"虚拟货币"的人群广泛存在，虽然是小众市场，但随着数字经济的高速发展，参与者越来越多。区块链技术的无序发展、不同国家监管安排差异等因素，滥用虚拟货币，就容易从事很多犯罪活动，如表2-3所示：

表2-3　区块链被滥用的犯罪活动

犯罪活动	说明
洗钱	利用不同国家对虚拟货币的监管差异，犯罪分子就能通过境内外虚拟货币交易平台，将犯罪资金转换为虚拟货币，然后进行不同虚拟货币之间的转换，在不同虚拟货币交易平台之间进行货币转移，最后将虚拟货币兑换成法定货币，转换和转移犯罪资产，实现表面合法化的目的
非法集资、集资诈骗	以投资发行虚拟货币、开发比特币底层技术应用、利用虚拟货币"搬砖"套利等为幌子，进行非法集资或集资诈骗；通过代币的违规发售、流通，向投资者筹集比特币、以太币等虚拟货币，非法发售代币票券，非法发行证券，就能从事非法集资、金融诈骗、传销等活动
恐怖融资	利用虚拟货币，恐怖分子就能进行非法资金的筹集、转移、储存和使用。有的极端主义者甚至还会在互联网上商量如何使用虚拟货币购买武器，以及对成员进行技术培训
逃税	虚拟货币容易沦为犯罪分子跨境转移资产、逃避政府税收监管的支付工具与价值存储载体。尽管目前已披露的利用虚拟货币逃税的案例鲜见于媒体，但依然存在逃税与洗钱等风险

续表

犯罪活动	说明
盗窃	虚拟货币的产生、交易和储存等，都要通过互联网。在服务过程中，虚拟货币交易商与虚拟钱包提供商很可能会监守自盗，窃取客户的虚拟货币；黑客也可能侵入客户账户，窃取虚拟货币
敲诈勒索	虚拟货币使用范围日益广泛，再加上其转移具有匿名性等特点，很容易成为犯罪分子从事敲诈勒索的重要目标

第五节　区块链助力数字化转型

区块链技术的出现，解决了数字经济面临的很多紧迫问题。区块链的安全性、数据保存以及联网功能可以规避传统的网络安全障碍，实现企业的信息共享要求。对于云技术、机器学习应用来说，区块链更是必不可少的底层架构，可以弥补其他技术的很多不足。

只有以区块链为基础，医疗保健、金融、商业和数字经济才能顺利实现数字化转型。

（一）区块链技术与数字化转型的关系

区块链跟数字经济的关系可以从以下三方面来理解：

（1）多中心化的分布信任关系。借助区块链技术，通过点对点交易，就能转变信用社会的形态，扩大人类的信任空间。如果现在经济交易规模的基准值是100，进入区块链经济社会，交易规模就能变成100^2，甚至是N倍。

（2）万物智联、万物信联。区块链技术是平台经济、共享经济和数字经济的底层基础。调研报告显示，北京市共有2000万人口，汽车使用率约 4%，如果汽车使用效率达到 30%，在同等人口量级情况下，用车需求只有三分之一或五分之一。未来，汽车公司不再卖车，而是一种出行服务商。车企的对标对象可能不是宝马、奔驰等同行竞争者，而是 Google（谷歌）、Uber（优步）甚至区块链行业巨头等。

（3）区块链是数字经济的重要推动力。进入数字驱动的社会，数据在每个人的手中没有价值，只有通过共享才有价值。为了解决传统的数据共享与数据保护的矛盾，区块链应运而生。运用分布式账本技术，不仅可以实现数据共享，还能保护数据隐私。

（二）区块链助推数字化转型升级

（1）区块链是数字化转型的关键。在企业实施数字化转型战略中，区块链发挥着重要作用。某数字化转型报告曾预测："到了 2021 年，由区块链支持的产业价值链将把其数字平台扩展到整个生态系统，将交易成本降低 35%。""全球约 30% 的制造商和零售商将通过区块链服务建立数字信任，实现协作供应链，并允许消费者访问产品历史。"可见，区块链技术简直就是制造业数字化转型的加速器。之所以能发挥这样的作用，是因为区块链能加快建立数据共

> **区块链系统中不同节点之间是如何建立信任的？**
>
> 节点 A 第一次连入区块链网络，首先会通过一种算法找到距离它最近的网络节点。节点将一条包含自身 IP 地址的消息发送给相邻节点，相邻的节点再将这条消息向与自己连接的节点进行分发广播，以此类推，最终将新节点的 IP 地址在全网进行分发，每个网络节点都知道节点 A 的地址，就能与之建立直接连接。新节点建立更多的连接，节点在网络中被更多节点接收，连接就会更稳定。

享、流程再造、信用体系三大模型。当然，这里的"数字化"并不是对制造业企业过去信息化的推倒重来，而是对以往企业信息化系统的优化和重置，不仅能提升管理和运营水平，还能提升企业的技术能力，完全可以满足企业数字化转型的新要求。

（2）解决数字化转型带来的威胁。如今，市场领导者已经利用了数字机遇，但只有18%的企业认为自己实施的战略非常有效。进行高效联网，却忽视了区块链技术的基础架构，某些企业可能都无法充分利用数字机会。例如，物联网全球使用的64亿设备，每天都会连接2550万新事物。但是，随着这项技术的采用，隐私的安全风险以及黑客易于访问的风险也在逐渐增长。区块链创建了高度安全的信息共享场所，可以弥补云技术的不足，远胜单独的云。为了将物联网的潜力充分挖掘出来，就要将区块链作为基础架构。

（3）区块链整合其他技术，超越消费者范畴。区块链技术对金融服务行业应用的吸引力来自于该技术固有的安全性，效率和数据有效性。区块链不仅可以利用合同和财务计算带来的效率，还可以在自动化和工业应用中实现更高效的关系。

第六节　区块链中的风险与挑战

区块链是一种透明共享的总账本，在全网公开，只要拿到它的公钥，就能知道账里到底有多少钱。

当然，转换是由矿工来确认的，账本是无法篡改的，你的行为也不会由你来记录，是由网络上的其他人决定的。

（一）限制区块链发展的因素

如今，为什么区块链落地很难？一方面是因为技术门槛高，另一方面则是监管不明朗，导致主流资金不能进场。具体来说就是：

（1）技术门槛高。对于普通用户来说，区块链的操作比较复杂，比如要想转走一个数字货币，不仅需要钱包，还要知道翻墙的方法，以及一定的密码学知识。另外，想要企业上链或进行币改，还需要掌握一定的技术和理论基础。

（2）技术壁垒无法攻克。比如，扩容问题、算法的突破和改进、难以实现的完全去中心化等。

（3）对"钱"需求量大。区块链对货币政策、财政政策等都会产生很大的影响，连各国政府都对它会秉持小心谨慎的态度。

> **主流区块链技术有哪些？**
>
> 比特币。是最早的真正意义上的去中心化区块链技术。
>
> 以太坊。配备了强大的图灵完备的智能合约虚拟机，是一切区块链项目的母平台。
>
> IBM HyperLedger Fabric。是联盟链的优秀实现。
>
> Ripple。世界上第一个开放的支付网络，是基于区块链的点到点全球支付网络。

（二）区块链面临的风险

区块链面临的风险主要有：

（1）网络风险。区块链面临巨大的网络风险，比如黑客攻击交易所、破解用户密码，就会进入交易所个人钱包，把代币转走；还可能出现网络堵塞，不同的区块被迫硬分叉，整个网络体系的信任会遭受质疑，网络体系的价值也会崩盘。

（2）技术风险。目前，区块链技术已暴露出很多技术问题，比如51%被攻击的分叉问题、成本偏高、交易区块具有选择性等，只有不断创新技术，才能得到修复和完善。

（3）诚信风险。区块链技术和真实世界是连接在一起的，在实际交易过程中，如果伪区块链技术公司借着区块链的名义利用超级管理员的角色进行敲诈，参与方就会遭受巨大损失。

（三）区块链需要迎接的挑战

未来，区块链需要迎接的挑战主要有：

（1）数据隐私。区块链应用场景，可以对重要的数据隐私形成保护。例如，在区块链供应链金融应用中，只能在与交易相关的有限企业内共享交易订单信息，否则就会泄露商业机密，或出现不公平交易的现象。为了保证数据和交易的可信，就要在网络内对数据和计算的结果进行重复验证，提高保护数据隐私的难度。

（2）监管合规。区块链技术的现有架构虽然在一定程度上保证了部分监管的合规性，但在更广义的现实场景下的监管需求却无法得到有效支撑。区块链要想获得长远发展，就要让区块链数据符合法律法规、行业规范、风控模型等监管规则。

（3）不断扩展。随着区块链逐渐走向主流应用场景，计算需求不断扩大，扩展性瓶颈会越来越明显，在区块链提高扩展性并成为新一代信息基础设施的过程中，会遭遇很多障碍，比如大量网络节点同步、海量交易等。

第三章　区块链的基础架构

第一节　区块链的六个基础模型

什么是区块链的六层模型？区块链的六层模型自下而上分别是：数据层、网络层、共识层、激励层、合约层和应用层。区块链的六层模型分别代表什么含义？

（一）数据层

数据层不仅封装了底层数据区块，还藏有相关的数据加密和时间戳等基础数据和基本

> **区块链由哪些结构组成？**
>
> 区块链是由区块相互连接形成的链式存储结构，区块就是链式存储结构中的数据元素，第一个区块被称为创始区块。区块包括区块头和区块体两部分。区块头中含有各区块的身份识别信息，如版本号、Hash 值、时间戳、区块高度等；区块体主要包含具体的交易数据。

算法，处于整个区块链技术中的最底层。

数据层主要实现了两个功能：数据存储、账户和交易的实现与安全。其中，数据存储主要基于 Merkle 树，通过区块和链式结构实现，

大多以 KV 数据库的方式实现持久化，比如比特币和以太坊采用的 Leveldb（一个可持久化的 KV 数据库引擎）。账户和交易的实现与安全等功能，基于数字签名、哈希函数和非对称加密技术等多种密码学算法和技术，保证了交易的安全进行。

区块链的名称包含了两个特点：数据区块和链式结构。

（1）数据区块。区块链技术是一个由规格相同的区块通过链式结构组成的链条。设计者建立了链条的创世节点后，根据规则，区块链网络中的节点就会产生新的区块，并经验证后将新区块连接在主链条上。随着系统运行时间的延续，主链条会不断延长。例如，比特币区块链主链的区块多达几十万个，包含着具体应用需要记载的信息。

（2）链式结构。为了确保安全，每个区块都采用了很多技术，如采用时间戳技术，确保每个区块按照时序链接；采用哈希函数，确保交易信息不被篡改；采用 Merkle 树，记录具体的交易信息；采用非对称加密，实现身份认证。

（二）网络层

从本质上来说，区块链就是一个点对点（P2P）网络，各节点既能接收信息，也能生产信息，节点之间一般都是通过维护一个共同的区块链来保持通信的。

在区块链网络中，每个节点都可以创造出新的区块，之后会用广播的形式通知其他节点，其他节点反过来也会对该节点进行验证。一旦区块链网络中超过 51% 的用户对其验证通过，该新区块就会被添加到主链上。

　　网络层的主要目的是，实现区块链网络节点之间的信息交互。建设网络层的阶段，一共包括 7 层，分别是物理层、数据链路层、网络层、传输层、会话层、表示层、应用层。1~4 层是低层，与数据移动密切相关；5~7 层是高层，包含应用程序级的数据，且每种层数都有着独特的意义和作用，如表 3-1 所示：

表3-1　网络层的各层

层序	名称	说明
第1层	物理层	物理层的任务是透明地传送比特流，使物理层上面的数据链路层感觉不到因物理设备和传输媒体种类不同而造成的差异
第2层	数据链路层	该层定义了在单个链路上如何传输数据
第3层	网络层	该层主要对端到端的包传输进行定义，不仅包括能够标识所有节点的逻辑地址，还包括路由的实现方式和学习方式
第4层	传输层	该层的功能包括：是选择差错恢复协议还是无差错恢复协议、在同一主机上对不同应用数据流的输入进行复用、对顺序错误的数据包重新排序
第5层	会话层	该层定义了如何开始、控制和结束一个会话，包括对多个双向消息的控制和管理
第6层	表示层	该层的主要功能是，对数据格式和加密等进行定义。例如，FTP允许人们用二进制或ASCII格式传输。使用二进制，发送方和接收方都不会改变文件的内容；选择ASCII格式，在发送数据之前，发送方需要将文本的字符集转换成标准的ASCII（一套电脑编码系统）
第7层	应用层	应用层对应的是应用程序的通信服务。例如，没有通信功能的字处理程序，通常都无法执行通信代码，即使是从事字处理工作的程序员，也不会关注OSI（Open System Interconnection Reference Model，即开放式系统互联通信参考模型）的第7层。可是，只要添加一个传输文件的选项，字处理器的程序员就需要实现第7层

（三）共识层

共识层是区块链的核心技术之一，也是区块链社群的治理机制，主要包括共识算法和共识机制，能让高度分散的节点在去中心化的区块链网络中高效地对区块数据的有效性达成共识。

在区块链中，主流的共识机制主要有三种：工作量证明、权益证明和股份授权证明。

（1）工作量证明。工作量证明（Proof of Work，PoW）可以用栗子来比喻。春节期间，商场搞活动发礼品，百姓踊跃参加，但礼品有限，商场想出一个办法：通过解答数学题来获取奖品，谁先解出答案，谁就可以获得一份礼品。第一道题出来后，张三第一个给出了正确答案，获得了相应的礼品。其他人很羡慕，哀叹一声后投入新的题目解答中。同样在区块链的 PoW，就是通过计算获得一个符合一定难度的"哈希散列值"。而要想获得合理的区块哈希值，则需要大量的尝试计算，计算时间取决于机器的哈希运算速度。

（2）权益证明。权益证明（Proof of Stake，PoS）是一种公有（区块）链的共识算法，可以保证网络中验证者的经济利益，具有较高的安全性，中心化风险低，能源效率却很高。在基于工作量证明的公有链中，该算法通过奖励计算的参与者来验证交易并创建新的区块；而在基于 PoS 的公有链中，则是通过一组验证者轮流针对下一区块进行提议并投票，验证者的权益越大，投票权重越大。

（3）股份授权证明。股份授权证明（Delegated Proof of Stake，DPoS）的工作原理如下：各股东的持股比例决定着其相应影响力。51%股东投票通过，不仅不可逆，还有一定的约束力。为了实现这个目标，各股东可以将自己的投票权授予一名代表，获票数最多的前100位代表就能按照既定时间表轮流产生区块，各代表会得到一个时间段来生产区块。

（四）激励层

激励层主要出现在公有链中，其主要任务是，将经济因素集成到区块链技术体系中，包括经济激励的发行机制和分配机制等。在公有链中，要想让整个系统实现良性发展，就要做到赏罚分明，不仅要对参与记账的节点进行鼓励，还要对不遵守规则的节点进行处罚。例如，比特币，遵循PoW共识机制，每个人都能通过计算设备运行比特币网络，提供的计算能力越多，破解的算力问题越多，获得区块奖励就越多，而比特币又是整个区块链网络流通记录转移的媒介。因此，只有各节点通过合作共同构建共享和可信的区块链历史记录，并维护比特币系统的有效性，获得的比特币奖励和交易手续费才能更有价值。

> 数字货币有被盗的风险吗？
>
> 有。仅2019年上半年，全球就至少出现了10起被盗事件。同时，数字资产诈骗事件也频频发生。被盗或被诈骗的数字货币总额或已超50亿美元。

简言之就是，要想让整个区块网络更具价值，需要持续信任它的人以及所有人的共同维护；为了让人们长期无私奉献，就要通过奖励的方式，让网络的参与者都享受到公平对等的价值回报。

（五）合约层

智能合约是一种协议，于 1994 年由 Nick Szabo 首次提出，主要目的是以信息化的方式进行传播、验证或执行合同。智能合约允许在没有第三方的情况下进行可信交易，可以为用户提供优于传统合约的安全方法，减少与合约有关的其他交易成本。

之所以称为智能合约，是因为这份合约可以在达到约束条件时自动触发执行，不需人工干预；即使没有达到预期的条件，也可以自动解约。这也是区块链能够解放信用体系核心的技术之一。

合约层主要封装各类脚本、算法和智能合约，是区块链可编程特性的基础。

（六）应用层

区块链网络不会控制数据，不仅可以提供单项服务，还无法占有用户交互的接口。对于一个网络来说，越分散化，越难通过一个接口来提供整套服务，所以区块链世界里的各类应用一般都建构在多个可组合的协议之上。这种架构，就是区块链的服务架构。

第二节　现有链圈、币圈、矿圈的区别

在区块链生态中，目前大致可以划分为三个圈，分别是链圈、币

圈和矿圈。三者相互关联，也大有区别，下面我们就来聊聊区块链"三圈"的不同之处。

（一）链圈

所谓链圈，是指专注于区块链的研发、应用或区块链底层协议的人群。缺少链圈的技术支撑，币圈也就不可能存在了，未来区块链场景的落地，还要依靠链圈技术。

链圈，是技术派的代表，门槛相较于其他两个圈更高，主要专注于区块链技术的发展与应用，普通人较难跨入。这个群体大部分是工程师、技术人员，他们有情怀，之所以要从事区块链，是觉得技术本身能让行业发生改变。

区块链可以分为私有链、公有链和联盟链。

（1）私有链。私有链对单独的个人或实体开放，仅在私有组织内部使用，如公司；私有链上的读写权限、参与记账的权限，都由私有组织来制定。

（2）公有链。公有链是指全世界任何人都能读取和发送交易，能获得有效确认的共识区块链。也就是说，公有链上的行为是公开透明的，不受任何人控制，不受任何人所有，是"完全去中心化"的区块链，比如以太坊、EOS、TT链等。目前，公有链最大的成功案例是比特币，比特币的区块链也是目前最成功、全球最大的公有链。

（3）联盟链。联盟链是由若干个机构共同参与管理的区块链，每个机构都运行着一个或多个节点，数据只允许系统内不同的机构进行读写和发送交易，共同来记录交易数据。所以，联盟链上的读写权限、记账规则等都按联盟规则来进行，就像是一种"私人定制"。

从本质上来说，联盟链是一种分布式托管记账系统，由组织指定的多个"权威"节点控制，节点之间根据共识机制对整个系统进行管理与操作，公众可以查阅和交易，但需要得到联盟许可。

联盟链的典型特点是，各节点都有对应的实体机构，只有得到联盟的批准，才能加入或退出系统。在区块链上，各利益相关机构展开紧密合作，共同维护系统的健康发展。

（二）币圈

"币圈"就是指专注于炒加密数字货币，甚至发行自己的数字货币筹资（ICO）的人群。

币圈，是最丰富多彩的一个圈，主要专注于炒加密数字货币。门槛较低，诱惑众多，多数人都处于这个圈，主要目的就是赚钱。

币圈共有三股势力：第一股：交易所，最大的是火币、OKCoin（一个正规的比特币交易平台）和币安。第二股：币圈里产生了很多项目，比如以太坊，也产生了巨大价值。第三股：投资者，有散户，有比较大的投资人、机构等。

币圈大致可以划分为两种：

（1）基于区块链技术的主流货币。比如，比特币、以太坊等主流货币，就是真正依托于区块链技术研发出来的货币，有自己的技术原理，应用场景也异常广阔。

（2）数字货币筹资，即"山寨币"。国际市场口碑较好的山寨币有未来币 NXT、莱特币 LTC、无限币 IFC、阳光币 ssc、苹果币 APCCOIN 等。这些"山寨币"挖掘质量高，交易市场上抗跌性能较强。

（三）矿圈

所谓矿圈，就是专注于"挖矿"的"矿工"人群，多数人都是程序员。

中本聪一共发行了 2100 万个 BTC，最开始挖矿的人并不多，使用普通电脑就能挖矿。但是，随着挖矿人的数量逐渐增多，就需要具备高算力的专业服务器来挖矿。

> **矿机是什么？**
>
> 矿机是用于挖掘（生产）加密货币的机器。广义来说，矿机是可以运行挖矿程序的机器，比如专业矿机、家用电脑、智能手机、服务器、智能路由器、智能手表、智能电视机等。狭义来说，矿机指的是专业挖矿设备，比如 ASIC 矿机、显卡矿机，以及一些币种的专属矿机（PFS 矿机）等。

几年前，只要买几台矿机，聘用几个程序员民工，就可以开始挖矿事业了。后来，随着参与的人数越来越多，矿机和电费价格变高，成本也逐渐提高，再加上挖出矿的概率变小，矿圈不再那么好混。

矿圈的门槛略高于币圈，但低于链圈。如今，多数人都听过挖矿，但真正参与挖矿的人却较少。而相比链圈和币圈，矿圈会受到外部自然环境的影响，比如矿场矿机遭到损坏等。

比特币的共识算法，就是用堆算力的方式来进行来产生新比特币。矿圈的三股势力分别是：

第一股，像比特大陆一样的矿机生产商。

第二股，在中国甚至全世界分布着很多矿池，在家里用一台计算机挖矿，电费成本很高，可以放到内蒙古、新疆等电力成本很低的地方，把矿机放到矿池。

第三股，矿工。

对于"链圈""币圈"和"矿圈"，很多人都傻傻分不清，但抛开那些关联，三者的本质大相径庭。

从历史发展角度来看，要经历一个"币圈—链圈—矿圈"的过程，但如今链圈已得到国家机构的认可，受到了热捧，一时间炙手可热。矿圈的发展虽然不温不火，但随着矿机巨头嘉楠耘智的成功上市，矿圈也迎来了高光时刻。只有币圈的发展现状还异常艰难。

1. 挖矿时应该注意什么

挖矿时，要考虑矿机的损耗、电力成本和全网算力值。从矿机损耗来讲，专业的显卡矿机在寿命、功效和电力成本上都具有优势，而知道了全网算力，也就知道了目前有多少"矿工"在用矿机挖矿。为了寻求更便宜的电力成本，实现收益的最大化，许多矿场都是逐水而建。

2. 挖矿产生的币都有交易价值吗

交易价值是一个相对值，只要有足够的买方和卖方，就可以形成交易的流通性，形成一个有交易价值的对手盘。其实，无论是挖出来的币，还是区块链项目方发行的代币，只要在二级市场上具备流动性，就具有交易价值。

第三节　区块链和比特币有何区别

（一）比特币

比特币是一种 P2P 形式的数字货币。

点对点技术（Peer-to-Peer，P2P），又称对等互联网络技术，是一个去中心化的支付系统。网络中不存在中心节点，各节点间的权利都相等，任意两点之间都能进行交易。交易成功后，所有节点都会将这笔交易记录下来。

> **什么是代币(Token)?**
>
> 在区块链领域，代币可以看作是一种可流通的加密数字权益证明。
>
> 权益证明。一种数字形式存在的权益凭证，代表一种权利、一种固有的内在价值和使用价值。
>
> 加密。可以防止篡改、保护隐私等。
>
> 可流通性。可以进行交易、兑换等。

比特币的概念，最初由"中本聪"在 2008 年 11 月 1 日提出。2009 年 1 月 3 日，中本聪在一个小型服务器上创建了第一个区块——比特币的创世区块；同时，还"挖"到了比特币系统中的第一笔比特币，共 50 枚。

不同于多数货币，比特币并不是由特定货币机构发行的，主要依据特定算法，通过大量计算产生。

遗憾的是，比特币只有 2100 万个，总量有限，目前已经被挖出了约 1500 万个，预计 2140 年会被挖完。

（二）区块链

区块链是一种去中心化的分布式账本数据库。

比特币被创造出来时，还没有出现"区块链"这个名词。之后，随着比特币价格的大涨以及比特币系统的平稳运行，人们才开始关注比特币系统背后的技术，总结出了"区块链技术"的概念。之后，在实际的应用中，人们逐渐发现，这项技术确实强大，不仅可以用来开发数字货币，还能应用到与互联网有关的各领域。

各行业纷纷发力，用区块链技术来解决当前面临的难题，区块链的应用和发展火爆起来。

（三）比特币和区块链的关系

比特币和区块链的关系，可以归纳为一句话：比特币出现之后，区块链技术才受到人们的关注。

区块链技术是一项元技术，比特币的区块链是为比特币体系的设计而定制的。比特币是区块链的一种呈现方式和应用，区块链是比特币的底层技术和基础架构，两者不能画等号。

2008 年 11 月 1 日，中本聪在网上发表了名为《比特币：一种点对点式的电子现金系统》的论文，"比特币"第一次出现在人们的视野中。

比特币自 2009 年开始自动良好运行，越来越多的用户开始持有和交易比特币，支持比特币运行的技术底层系统也开始受到技术界关注。后来通过研究，人们发现，比特币底层区块系统本质上是一个去中心化的数据库，每个数据库中都包含着一批次比特币网络交易的信息，用来验证其信息的有效性和生成下一个区块。

虽然比特币是区块链第一个成功应用，但从概念出现的时间上来说，依然是先有比特币，后有区块链。

第四节 数字货币和区块链的区别

比特币是最早的数字货币，诞生于 2009 年，发明者是"中本聪"，可以应对经济危机对实体货币经济的冲击。

后来陆续出现了以太币、火币和莱特币等虚拟货币。那么，区块链与数字货币之间存在什么关系呢？

数字货币与区块链是有机结合在一起的，二者紧密相连。区块链是数字货币的最底层技术，也是最重要的技术手段；区块链最成功的

投资机构对于区块链的最新看法？

近年来，中国区块链行业的快速发展逐渐获得投资机构关注，中国区块链行业投资年增速已连续多年超过 100%，专注于区块链行业的投资机构正在飞速成长，在区块链产业积极布局、构建自己的版图、持开放态度的传统投资机构也在跑步入局。

从投资项目分类来看，投资机构普遍看好区块链平台类的公司。

从投资标的地域来看，投资机构更多投资于海外项目。

从国内项目角度来看，北京地区项目占比最高。

从投资轮次来看，大部分投资发生在天使轮及 A 轮，反映行业仍处于早期阶段。

实践是在货币领域的创新，是数字货币的技术之一。数字货币的使用技术还包括移动支付、可信可控云计算、密码算法等，而比特币的盛行让人们知道了区块链的技术框架及应用前景。

区块链最成功的实践是在货币领域的创新，数字货币是加密货币的形式所在，需要区块链技术的支持。

其实，区块链就是一种新兴的数字记账簿，功能强大，相当于一种云存储功能。每完成一定时段的交易，就会将该时段内的交易记录下来，且在所有节点上进行拷贝，即一个"区块"，信息几乎没有被篡改的可能。多个区块首尾相连，就构成了区块链。

综上所述，数字货币就是一种加密货币的形式所在，区块链技术也是世界上最先进的一种技术，前景不可限量。二者的区别可以归纳为以下四种。

（1）本质区别。比特币是一个基于密码学的数字货币，而区块链则是一种价值传递的协议，两者有本质区别。

（2）算法不同。比特币的共识算法是基于工作量证明；而区块链有很多共识算法，既可以用比特币 POW 算法，又可以用 POS 算法，还可以用 DPS 算法。

（3）交易速度。比特币的每秒交易最多只能有七笔；而区块链每秒的交易次数可以达到上万次或更多。

（4）链接形式。比特币是基于互联网的一个区块链，而区块链既有公有链，也有私有链或联盟链。

第四章　区块链的网络类型

第一节　公有链

（一）公有链的定义及优缺点

公有链，世界上的任何人都可读取，都能发送交易，交易都能获得有效确认，通过代币机制鼓励参与者竞争记账，确保了数据的安全性。目前，公有链最大的成功案例就是比特币，较成功的公有区块链包括以太坊、超级账本、山寨币和智能合约。当然，公有链的始祖是比特币区块链。

公有链共有这样几个优点：

（1）保护用户免受开发者的影响。在公有链中，程序开发者没有权利干涉用户，用户可以得到更好的保护。

（2）所有数据默认公开。虽然所有关联的参与者都隐藏了自己的真实身份，但参与者都能看到所有的账户余额和交易活动。

（3）访问门槛非常低。只要有一台能够联网的计算机，就能访问公有链。

公有链的不足主要表现在：

（1）虚假节点。尽管公有链很安全，但多人随意出入的节点，很难达成共识。原因有二：一个是有些节点可能随时宕机；另一个是黑客可能伪造虚假节点。

（2）速度太慢。公有链有一套严格的共识机制，数据处理速度很慢，比特币转账，很长时间之后才能到达。

（3）隐私问题。目前，公有链上传输和存储的数据都公开可见，只会通过"伪匿名"的方式对交易双方进行一定隐私保护。

（二）公有链面临的问题

公有链系统存在的问题主要体现在：

（1）最终确定性问题。交易的最终确定性，指特定的某笔交易是否会最终被包含到区块链中。公有链共识算法无法提供最终确定性，只能保证一定概率的近似，比如在比特币中，一笔交易两小时后可达到的最终确定性为99.9999%，可用性较差。

（2）激励问题。为了保证公有链系统持续健康运行，促使全节点提供资源，自发维护整个网络，公有链系统需要设计激励机制。但比特币的激励机制存在一种"验证者困境"，没有

> **何为梭哈？**
>
> 梭哈是英文"Show Hand"的音译，原本是赌博游戏中的名词，指的是将手中全部的可用筹码一次性押出的行为。引申到区块链投资中，指的是，为了炒币，把自己所有可用资产用来投资数字货币。

获得记账权的节点付出算力验证交易，不会得到任何回报。

（3）效率和安全问题。目前，比特币平均每10分钟就会产生1个区块，且其PoW机制很难缩短区块时间，PoS虽然可缩短区块时间，但更易产生分叉，交易需要更多确认。公有链面临的安全问题包括：外部实体的攻击、内部参与者的攻击，以及组件的失效、算力攻击等。

近来，区块链行业回暖，随着比特币价格从3000美元回升至5000美元，公有链又出现了一些新问题：

（1）公有链开发者迅速离开项目。目前公有链的实际开发者全世界只有几百个，而公有链发布却多达几万，因为开发者启动一个项目融到资金后，很快就会跳到另一个新项目。数字代币成功发行后，代币价格直线上升，开发者会将自己持有的代币出售套现，再去开发第二个项目，周而复始，以至于一个开发者可以在短时间内参与几个公有链项目。跳到另一个项目后，开发者就会离开原来的公有链项目，原来的项目就会变成"僵尸"链，没有任何活动。

（2）公有链整体创新不足。虽然部分公有链实现了创新，但整个公有链产业的创新度并不高。在公有链产业里，只有几个大的支派，比特币、以太坊、EOS的团队是三大公有链的母链，各支派又会衍生出许多公有链。在同一支派里，链和链的差异并不大。从整体来说，公有链的创新度远不及其市值的成长速度。

（3）公有链团队高度中心化。从团队数据来看，数字代币可能是世界上最中心化的开发群体。数百名工程师组成团队，一起来开发公有链项目，控制着大部分活跃的公有链。该行业非常中心化，同一批工程师会参与不同的公有链项目。

第二节　联盟链

（一）联盟链的定义及优缺点

联盟链处于公有链与私有链之间，参与的组织或机构众多。每个组织或机构都会管理一个或多个节点，数据只允许系统内不同的机构进行读写和发送。

从某种程度上来说，联盟链也是一种私有链，只是私有化程度不同而已，成本较低、效率较高，适用于不同实体间的交易、结算等。

联盟链的各个节点通常都有与之对应的实体机构组织，通过授权后，才能加入与退出网络。各机构组织会组成利益相关的联盟，共同维护区块链的健康运转。

概括起来，联盟链主要有这样几个优点：

（1）可控性较强。只要机构中的大部分达成共识，就能更改区块数据。

> **何为庄家？**
> 庄家是拥有雄厚的资金体量、强大的关系网和最灵通消息的投资者，能够在较大程度上影响或决定某个币种的价格走势。

（2）容易达成共识。在某种程度上，联盟链只归联盟内的成员所有，容易达成共识。

（3）数据不会默认公开。联盟链的数据，只有联盟里的机构和用户有权进行访问。

（4）交易速度很快。联盟链节点不多，容易达成共识，交易速度很快。

联盟链存在一定的技术缺陷，最突出的两点是缺乏隐私和延展性。

（1）缺乏隐私。作为一种完全分布式的账本系统，向系统中的所有节点公开所有交易细节，有利也有弊。从积极角度来看，讲信息完全公开，有助于确立所有权，有利于建立信任。但是，对于一些隐私要求较高的商业应用来说，透明度过高，反而容易引发祸端。因为并不是所有的企业都希望所有人知道交易细节。

（2）缺乏延展性。完全分布式的点对点系统对于添加新交易的要求较高，比如要求解决不同等级的哈希难题。设计哈希难题，可以增加写入新数据的成本，有效防止历史交易被操控，但交易速度会下降，限制区块链的延展性。

（二）联盟链的平台有哪些

随着区块链技术的发展，越来越多的机构与企业加大了对区块链的研究与应用。相比公有链，联盟链能够更好地落地，受到许多企业与政府的支持。下面，我们就介绍一些具有代表性的联盟链平台。

（1）R3 联盟。R3 联盟成立于 2015 年 9 月，总部位于纽约，发起者是块链创业公司 R3 CEV。R3 联盟可以解决传统金融技术平台之间存在的鸿沟，提高效率，降低风险与成本。在 R3 联盟的诸多项目中，最具有代表性的是 Voltron 项目。2018 年，R3 和 CryptoBLK 共建了联盟链 Voltron 项目。截至 2019 年 4 月，Voltron 已与 50 多家银行和公司对其信用证区块链进行了试用，涉及汇丰银行、法国巴黎银行等 12 家银行。9 月，汇丰银行使用 Voltron 成功完成了首笔人民币计价的信用证交易。

（2）超级账本。超级账本是 Linux 基金会协作的一个开源项目，极大地推进了跨行业区块链技术。该项目涉及金融、银行、物联网、供应链、制造和技术等多个领域。首批成员多数都是银行、金融服务公司或 IT 公司，之后越来越多的公司加入。

（3）蚂蚁开放联盟链。蚂蚁金服是国内区块链领域的先行者，不仅运用了自身自主产权的区块链核心技术，还兼容了两套开源体系，可以为链上金融、链上零售和链上生活提供真正能落地的服务。这是一个开放普惠的区块链网络，成本低、门槛低，可以降低区块链应用开发的技术门槛和成本。2018 年至今，落地项目主要有跨境汇款、电子票据和双链通平台。其中，跨境汇款是第一个正式上线的跨境汇款，可以节省时间，降低成本。

（4）区块链服务网络。区块链服务网络，即"Blockchain-based Service Network"，简称"服务网络"或"BSN"，是一个基于联盟链运行环境和数据传输的全球性基础设施网络，由国家信息中心、中国移动通信集团公司、中国银联股份有限公司、北京红枣科技有限公司共同发起。截至 2019 年 12 月底，已经在全国建立或正在建立约 100 个国内公共城市节点、香港和新加坡节点。

（5）中国分布式总账基础协议联盟。该联盟是中国第一个由大型金融机构、金融基础设施和技术服务公司共同发起设立的分布式账本联盟，为金融领域应用分布式账本技术提供了符合中国国情、适应中国法律与监管需要的基础平台。其设计充分考虑了金融主战场的核心需求和中国金融监管的特色，其白皮书还就如何构建"隐私保护机制"和"特权机制"提出了创新性的设计思路。

（6）金链盟。金链盟，由安信证券、京东金融、博时基金等 25 家金融机构和金融科技企业发起成立，不仅可以整合及协调金融区块链的技术研究资源，还形成了金融区块链技术研究和应用研究的合力与协调机制，提高了成员在区块链技术领域的研发能力。

第三节 私有链

（一）私有链的定义及优缺点

从字面上理解，私有链是私人的，只对单独的个人或实体开放，参与的节点只有自己，数据的访问和使用有严格的权限管理，属于部分中心化控制。举个例子，某大学开发出一个基于区块链的投票系统，学生和老师可以用这个链进行投票。该链对学校内部和开发者都是透明的，但是对于使用者来说却是匿名的，控制权在学校这边，使用者只是参与者。

相比于公共区块链，私有区块链有许多优点：

私有链通常被运用于组织内部，在一定空间内，可以提高运作效率，写入权限仅在一个组织手里，可以带来以下好处：

（1）大幅降低交易成本。私有链上可以进行完全免费或非常廉价的交易，如果一个实体机构能够对所有交易进行控制和处理，就不需要为工作而收取费用了。即使交易的处理由多个实体机构共同完成，费用也不多，不需要节点之间的完全协议。

（2）提高交易速度。私有链的交易速度比其他区块链都快，甚至接近一个区块链的常规数据库速度。原因在于，即使是少量的节点，也具有很高的信任度，不需要每个节点都来验证一个交易。

（3）规则的改变。如果需要，运行着私有区块链的共同体或公司能够容易地修改该区块链的规则、还原交易、修改余额等。在一些情况下，如全国土地登记，该功能是必要的。

（4）节点可以很好地连接。节点互相可以很好地连接，即使出现了故障，也能迅速通过人工干预来修复，并允许使用共识算法，减少区块时间，更快地完成交易。

（5）更好地保护隐私。私有链上，隐私数据不会公开，其他人很难获得。如果读取的权限受到限制，私有链还可提供更好的隐私保护。

当然，区块链是构建社会信任的最佳解决方案，但参与节点的资格被严格限制。私有链的写入权限由某个组织和机构控制，参与节点的资格会被严格限制。

（二）私有链的应用场景

私有链的应用场景主要有以下几个：

（1）保险行业。区块链用"共识机制"的思路，实现了信息网络向价值网络进化的历程，符合保险发展的客观需求。不管是从数据本身，还是技术层面，区块链保险都能更好地满足现代化保险的需求，符合深化发展的保险要求。区块链的信息透明性满足了知情权和选择权，区块链保险的保险条例和资金去向完全透明，能够更好地呈现意义简单的保险条规，保障需求客户的透明化选择，更好地落实保险的知情权和选择权，促进底层保险模式的创新和迭代。

（2）金融业。将区块链技术运用于金融领域，可以解决交易中的信任和安全问题。区块链技术是金融业未来升级的一个可选方向，通过区块链，即使没有第三方中介，交易双方也能开展经济活动，降低资产在全球范围内转移的成本。目前，我国区块链金融应用的典型成果包括：央行区块链数字票据交易平台、百度金融发行国内首单基于区块链的 ABS、微众银行贷款清算、中国银联积分兑换。

（3）物联网。为了解决物联网的问题，现代数字资产公司（Hdac，全称"Hyundai Digital Asset Company"）创建了区块链解决方案。公司将区块链技术用于迅速高效的通信，处理身份、认证和数据存储。这个系统在比特币和以太坊区块链之间搭建了一个通道，在两个系统间处理支付；

> 何为炒币？
>
> 为了获取高额的收益，而反复通过交易平台买卖数字货币的行为，就是炒币。

该方案采用双链系统，一个公有链和一个私有链，增加了交易速度和交易量。

（4）供应链管理。区块链技术较具普遍应用性的方面之一，就是使得交易更安全，监管更透明。供应链是一系列交易节点，连接着产品从供应端到销售端或终端的全过程。从生产到销售，产品会历经供应链的多个环节，借助区块链技术，交易就会被永久性、去中心化地记录下来，降低时间延误、成本和减少人工错误。

（5）医疗行业。借用区块链技术，医院、患者和医疗利益链上的各方就能在区块链网络里共享数据，不必担忧数据的安全性和完整性。比如，布萌区块链上了一个健康链，是国内首家医疗行业的应用。在健康链入网医疗机构的自助终端，患者就能直接下载电子检验检查报告单。报告单保存在布萌区块链内，个人完全可以给医生发送电子健康档案，进行共享调阅，实现了医疗数据共享、可信和不可篡改。

（6）信息问题。说到信息，人们最关心的不外乎安全和追溯问题。区块链技术推动了信息安全技术的变革，让信息防篡改、可追溯源头。唯链就是这样一个解决信息问题的平台，为奢侈品、食品、农业、物流等信息追溯源头，但合作方是匿名的。

（7）公益项目。福利救助的分配、捐赠众筹是区块链技术可以应用的领域，公共管理会更简单、更安全。

第五章　区块链的关键元素

第一节　共识机制

区块链是伴随比特币诞生的，是比特币的基础技术架构，从这个意义上来说，区块链就是一个基于互联网的去中心化记账系统。比特币等去中心化数字货币系统，要求在没有中心节点的情况下保证各诚实节点记账的一致性，这些都需要区块链来完成。

（一）共识机制是什么

运用共识机制，能解决区块链分布式场景下达成一致性的问题。区块链的伟大之处在于，其共识机制在去中心化的思想上解决了节点间互相信任的问题。

> **一个区块上可以有几笔交易？**
> 以比特币区块为例。一个区块上限大约为 1MB，每笔交易大小不一，通常一个交易平均大小为 250 字节，算下来，1MB 大概能容纳 3000 多笔交易。

区块链之所以需要共识机制，主要原因在于：在分布式系统中，多个主机会通过异步通信方式组成网络集群。在该异步系统中，为了保证各主机达成一致的状态共识，主机之间就需要进行状态复制。一旦出现无法通信的故障主机，主机的性能就会下降，网络就会出现拥塞，致使错误信息在系统内传播，必须在默认不可靠的异步网络中重新定义容错协议。

简言之，所谓共识机制，就是所有记账节点之间怎么达成共识。区块链一共提出四种不同的共识机制，适用于不同的应用场景，实现了效率和安全性的平衡。

（二）共识机制的种类

现在，共识机制的主要种类有这样几个，如表5-1所示：

表5-1　共识机制的种类

种类	说明
工作量证明	所谓工作量证明机制，就是节点通过"多的工作量"来换取信任。在提出某个阶段的待定区块之前，各节点都要完成达到指定工作量的工作；如果某个节点收到多个待定区块，哪个区块的链更长，就验证哪个区块，因为更长的链往往包含的工作量更多。不足在于：严重的效率问题；过多强算力节点联合，可能导致安全问题；资源消耗过大
权益证明	工作量证明会过度消耗和浪费资源，人们越来越关注权益证明机制。假设网络同步性较高，系统以轮为单位运行。在每一轮的开始，节点验证自己是否可通过权益证明被选为代表，只有代表能够提出新区块。下一轮开始时，重新选取代表，对上一轮的结果进行确认。不足之处在于：如果网络同步性较差，系统可能形成分叉，破坏一致性；代表节点操控一切
拜占庭一致协议	拜占庭将军问题，由莱斯利兰波特在其同名论文中提出。在分布式计算中，不同的计算机会通过通信交换信息达成共识，按照同一套协作策略行动。一旦系统中的成员计算机出错而发送了错误信息，通信网络就可能损坏信息，使不同成员得出不同的结论，破坏系统的一致性。这一机制，就能解决这一问题，资源消耗少，效率高，一致性强

续表

种类	说明
股权证明算法	该算法采用类似股权证明与投票的机制，先选出记账人，然后创建区块。持有股权越多，特权越大，越能获得更多收益。该机制一般用币龄来计算记账权，每个币持一天算一个币龄，比如持有100个币，总共30天，币龄就是3000。如果记账人发现了一个POS区块，他的币龄就会被清空为0，每清空365币龄，就会从区块中获得0.05个币的利息。该机制不仅在一定程度上缩短了共识达成的时间，还减少了挖矿能源的消耗
有向无环图	有向无环图，通过改变区块的链式存储结构，通过DAG的拓扑结构来存储区块，可以解决区块链的效率问题。如果区块打包时间不变，网络中就能并行打包N个区块，网络中的交易就能容纳N倍。新交易发起时，只要选择网络中已经存在的、比较新的交易作为链接确认即可
瑞波共识机制	该机制是一种节点投票的共识机制。初始特殊节点列表就像一个俱乐部，要接纳一个新成员，必须由51%俱乐部会员投票通过
验证池	验证池，运用传统的分布式一致性技术，以及数据验证机制，没有代币，也能工作，在成熟的分布式一致性算法的基础上，实现了秒级共识验证

（三）共识机制的技术原理

首先，交易发起方构造交易，加上数字签名，广播到区块链P2P网络中。

其次，区块链网络中的"矿工"节点陆续收到这笔交易。

最后，所有矿工都把交易打包到自己构建的备选区块中，然后将自己的备选区块广播出去。

这时，全网会根据"共识机制"来决定哪个矿工负责写入这个区块。该矿工将会负责把这个区块添加到区块链上，完成该区块中的所有交易。交易完成后，交易参与方就能查询到交易执行的结果。

第二节　分布式账本

在互联互通的世界，经济活动通常都发生在跨越国家、地理和管辖范围的商业网络中。在市场上，业务网络聚集在一起，参与者拥有、控制并行使其对价值（资产）对象的权利。

资产可以是有形的，如汽车、房屋或电视；也可以是无形的和虚拟的，如契约、专利和股票证书。资产所有权和转移是业务网络中创造价值的交易。该交易通常涉及多个参与者，如买方、卖方和中介，其业务协议和合同记录在分布式账本中。企业使用多个分布式账本来跟踪各业务部门的资产所有权和参与者之间的资产转移，分布式账本是企业经济活动和利益的记录系统。

（一）分布式账本的定义

分布式账本是一种在网络成员之间共享、复制和同步的数据库，记录着网络参与者之间的交易，比如资产或数据的交换，降低了因调解不同账本所产生的时间和开支成本。

> **分布式数据存储是什么意思？**
>
> 区块链是一个去中心化的数据库，由多个独立、地位等同的节点按照块链式结构，存储完整的数据，通过共识机制保证存储的一致性，一旦数据被记录下来，在一个区块中的数据将不可逆。

简言之，所谓分布式账本，就是在一个大型网络中，由参与者独立保存和更新的数据库。网络中的单个均值处理各交易项目，进行投票，确保多人同意；一旦达成共识，分布式账本便会实现更新，且所有人都会维护自己的分类账副本。这种结构让记录系统有了创新替代，是一个简单的数据库。

分布式账本是一种动态的媒体形式，其属性和功能都远超过静态的纸本分类账。

区块链的运用，很好地保护了数字世界中的形式化关系。这种分散账本的架构和质量，减少了信任成本；其发明是信息的搜集与传播的革命，适用于静态数据（登录）与动态数据（交易信息）。

（二）分布式账本的技术原理

分布式账本，可以在多个站点、不同地理位置、不同机构里进行信息共享；账本中的任何改动，都会直接反映在所有的副本中。在该账本里，通过公私钥和签名，对账本的访问权进行控制，实现了加密保护，保证了存储数据的安全性和准确性。

根据网络中已达成的共识规则，账本中的记录可以由一个、多个或所有参与者共同进行更新。有这样几个例子：

例1：

数学常识告诉我们"1+1=2"，如果将"1+1=2"比喻成"记账内容"，那么每个人就是"分布式账本"。在已知的数学逻辑下，如果有人想要指鹿为马地说"1+1=3"，就需要更改人类的逻辑共识，但是难度相当大。

例2：

将某名男子结婚比喻成"记账内容"，婚讯被广而告之，就是

"分布式记账"。如果某天他见异思迁，看上了同圈子里的某位姑娘，单身就是"虚假的记账内容"，无法成为他把妹的借口。

例3：

如果将世界杯全球实况直播比作"分布式记账"，比赛过程就是"记账内容"，每个观看了实况直播的观众都是一个"账本"。观众遍布全球，全体观众就能组合成一个"分布式账本"。如果想篡改比赛结果，得得到观众的同意。

由此可见，分布式账本可以有效避免传统中心化信息管理带来的信任和安全风险，大大提高信息篡改成本，保证了信息的权威性。

在分布式账本技术中，虽然技术是去中心化的，但其组织却可能不是去中心化的，甚至无法被外界所影响。网络中的参与者，会根据共识原则来制约和协商账本中记录的更新，不需要第三方仲裁机构的参与；每条记录都有一个时间戳和密码签名，账本是网络中所有交易的可审计历史记录。

第三节　加密算法

对于区块链技术来说，加密技术是重要的组成部分，为区块链的匿名性、不可篡改性和不可伪造性等保驾护航。

现实中，多数公有链采用的加密算法，都是经过反复验证和时间检验的，均采用了保守型技术选型。一旦加密算法因为漏洞而被攻击，整条区块链的数据就会受到挑战。

加密算法可以分为两种：对称加密和非对称加密，在区块链中普遍使用的是非对称加密。

非对称加密，是指在加密和解密过程中使用两个非对称的密码，即公钥和私钥。具有这样两个特点：一是使用用其中一个密钥（公钥或私钥）加密信息后，只有用另一个对应的密钥才能解开；二是公钥可以向其他人公开，每个人都能获取，其他人无法通过该公钥推算出相应的私钥。

区块链常见的加密算法如下：

（一）哈希算法

这是一类数学函数算法，又被称为散列算法，基本特性为输入任意大小的字符串、产生固定大小的输出、能在合理的时间内计算出输出值。

哈希算法是区块链中使用最多的一种算法，被广泛使用在区块的构建和交易完整性的确认上。

哈希算法有很多，区块链主要使用的是 SHA-256 算法：将任意数据串作为输入值代入公式，得到一个独一无二的 64 位输出值。

> **数据存在哪里？**
> 区块链采用分布式存储的方式，区块链的数据由区块链节点使用和存储，多个节点通过网络进行连接，最终形成完整的区块链网络。

对于同一个哈希算法来说，相同的输入通常都能得到相同的输出，但得到的输出是不同的。区块链就是利用哈希函数为区块生成签名，将区块中的数据作为输入，得到区块签名。

1. 哈希算法的特点

哈希算法主要有以下几个特点：

（1）单向性。原始信息与摘要信息（哈希值）之间没有规律，无法从摘要信息倒推出原始信息。

（2）只要原始信息改变一点，输出的哈希值（摘要信息）就会天差地别。

（3）只有完全一样的原始信息，才能得到完全相同的输出值。

（4）哈希算法可以摘要和简化信息、验证信息、隐藏信息。

2. 区块链中的哈希算法有什么用

哈希算法是区块链中使用最多的一种算法，被广泛使用在构建区块和确认交易的完整性上。为了保证数据的完整性，会采用哈希值进行校验。

区块链可理解为"区块＋链"的形式，该链由哈希连接起来，每个区块上都有很多交易，整个区块又能通过哈希函数产生摘要信息，然后由每个区块将上一个区块的摘要信息记录下来，再将所有的区块连成链。

修改了历史中某一个区块的数据，该区块摘要值（即哈希值）就会发生改变，下一个区块中记录的上一个区块的哈希也会相应修改。也就是说，为了保证账本的合法性，如果要修改历史记录，所有记录都要修改。哈希函数，提高了账本篡改的难度。

（二）椭圆曲线算法

椭圆曲线算法是一套关于加密数据、解密数据交换密匙的算法，可以用于对数据签名和验证。用于签名，不仅可以保证用户的账户不被其他人顶替，还能保证用户不能否认其签名的交易。用私钥对交易信息签名，用用户的公钥验证签名，只要通过验证，交易信息就能记账，继而成功完成交易。

椭圆曲线密码（ECC）由 Neal Koblitz 和 Victor Miller 于 1985 年发明，可以看作是椭圆曲线对先前基于离散对数问题（DLP）的密码系统的模拟。

椭圆曲线密码体制之所以是安全的，是因为椭圆曲线离散对数问题（ECDLP）很难解答。椭圆曲线离散对数问题远难于离散对数问题，椭圆曲线密码系统的单位比特强度要远高于传统的离散对数系统。因此，如果使用的密匙较短，ECC 就能达到与 DL 系统相同的安全级别。如此，计算参数更小，密钥更短，运算速度更快，签名更加短小。

为了响应 NIST 对数字签名标准（DSS）的要求，1992 年 Scott 和 Vanstone 提出了一种模拟，即 ECDSA。1998 年 ECDSA 作为 ISO 标准被采纳，1999 年作为 ANSI 标准被采纳，2000 年成为 IEEE 和 FIPS 标准。

（三）Base58 编码

Base58 是一种基于文本的二进制编码格式，是比特币中使用的一种独特编码方式，主要用于产生比特币的钱包地址。其去除了容易混淆的字符，没有使用数字"0"、大写字母"O"、大写字母"I"和小写字母"l"，以及符号"+"和"/"。

Base58 是比特币使用的一种编码方式，不仅实现了数据压缩，保持了易读性，还具有错误诊断功能。其编码过程如下：首先，给数据添加一个"版本字节"前缀，识别编码的数据类型。例如，比特币地址的前缀是"0"（十六进制是"0x00"），而对私钥编码时前缀是"128"（十六进制是"0x80"）。然后，计算"双哈希"。

在这个过程中，要对之前的结果（前缀和数据）运行两次SHA256 哈希算法：

checksum=SHA256 × [SHA256 × (Prefix+Data)]

在产生的长 32 个字节的哈希值（两次哈希运算）中，只取前 4个字节，作为检验错误的代码或校验。校验码添加到数据后，结果由三部分组成：前缀、数据和校验。

（四）零知识证明

"零知识证明"的英文表示为"Zero-Knowledge Proofs"，简写为"ZKPs"，指的是，在不向验证者提供任何有用信息的情况下，证明者能使验证者相信某个论断是正确的。

整个过程很简单：A 要向 B 证明他知道特定数独的答案，又不能将这个数独的解告诉 B。B 要随机指定某一行、列、九宫格，A 将这一行、列、九宫格里所有的数字按照从小到大的顺序写下来，只要包含 1—9 的所有数字，就可以证明 A 确实知道这个数独题目的答案。在这个过程中，一旦 A 提前知道了 B 指定的行、列或九宫格，就可以在验证过程中作弊，所以为了确保该验证方式的安全性，B需要一个真正的随机数。

零知识证明的成立需要具备三个要素：完整性、可靠性和零知识。举个例子，假设有一个环形走廊，出口和入口相邻但不互通；在这个环形走廊中间的某处有一道紧锁的门，只有拥有钥匙，才可以通过。这时，A要向B证明自己拥有打开这道门的钥匙，用零知识量证明来解决就是：B看着A走进入口，然后在出口等待，如果A从入口进入通过走廊并从出口走出，就说明其拥有打开中间那扇门的钥匙，而在这个过程中，他完全不用向B提供钥匙的具体信息。可见，零知识证明实际上是一种概率证明，并不是非确定性证明。

1.零知识证明的种类

零知识证明可以分为交互式和非交互式两种。

（1）交互式。零知识证明协议的基础是交互式的，要求验证者不断地对证明者所拥有的"知识"进行提问；证明者回答问题，让验证者相信证明者的确知道这些"知识"。然而，这种方法并不能使人相信证明者和验证者是真实的，因为双方只要提前串通，即使不知道答案，证明者也能通过验证。

（2）非交互式。这种证明不需要经历交互的过程，避免了串通的可能，但需要额外的机器和程序，来确定实验顺序。

2.为什么区块链中要用到零知识证明

在现在社会，个人的身份与很多信息进行了关联，手机号、身份证号、银行卡号等都被捆绑在一起，只要知道手机号，就可以通过关联信息获取到姓名、出生年月等信息。

在区块链的世界中，用地址来表示交易双方，就实现了匿名的作用。然而，链上的信息虽然是匿名的，但是通过链上信息绑定的链下信息，可以方便地追溯到真实世界的交易双方，使匿名性荡然无存。

第四节　智能合约

智能合约是一种特殊协议，可以提供、验证和执行合约，1995 年由跨领域法律学者 Nick Szabo 提出。

智能合约包含了交易的所有信息，只有满足要求，才能执行结果操作。智能合约和传统纸质合约的区别在于，智能合约是由计算机生成的。事实上，智能合约的参与方是互联网上的陌生人，要受到数字化协议的约束。

智能合约是一段运行在区块链网络中的代码，以计算机指令的方式，实现了传统合约的自动化处理，完成了用户所赋予的业务逻辑。

很多区块链网络使用的智能合约功能类似于自动售货机。

智能合约与自动售货机类比：向自动售货机（类比分类账本）转入比特币或其他加密货币，只要输入满足智能合约代码要求，就会自动执行双方约定的义务。

义务以"If Then"形式写入代码，比如"如果 A 完成任务 1，来自于 B 的付款，就会转给 A"。通过这样的协议，智能合约允许各种资产交易，各合约被复制和存储在分布式账本中。所有信息都不能被篡改或破坏，参与者之间完全匿名。

如同其他新的系统协议一样，其实智能合约并不完美。比如，

使用智能合约，处理文档时，效率更高。智能合约采用完全自动化的流程，不需要任何人为参与，只要满足智能合约代码所列出的要求即可。如此，不仅节省时间，降低成本，交易也更准确，且无法更改。

同时，智能合约的使用也会产生不少问题，比如人为错误、无法完全实施、不确定的法律状态。虽然很多人认为智能合约的不可逆转特性是它的主要好处，但也有人认为，一旦出现问题，就无法修改。

此外，智能合约只能使用数字资产，连接现实资产和数字世界时，容易出现问题。

最后，智能合约缺乏法律监管，受制于代码约定的义务，用户对网络上交易持谨慎态度。

值得一提的是，虽然智能合约只能与数字生态系统的资产一起使用，但很多应用程序正在积极探索数字货币之外的世界，试图连接"真实"世界和"数字"世界。

比特币交易为什么确认6个区块以上就可以证明？

为了避免双花造成的损失，一般认为，6个区块确认后的比特币交易基本上就不可篡改了。举个例子：假设小黑给大白发了666BTC，并被打包到第N个区块。没过几分钟，小黑反悔了，用自己控制的超过50%的算力，发起了51%算力攻击，剔除发给大白的666BTC的那笔交易，重组第N个区块，继续延展区块，使之成为最长合法链。通常，确认的区块数越多，越安全，被51%攻击后篡改、重组的可能性越低，所以6个区块并不是硬性的。对于大额交易，区块越多越好；对于小额效益，一个区块足够。

第六章　通证和区块链的关系

第一节　何为通证

通证经济是一种经济模式，用一句话来定义就是：用激励机制来改变生产关系的一种价值驱动经济模型。

从本质上来说，通证经济就是通过激励方式，协调生产关系之间的组织形式，让各主体发挥自己的效力，即使贡献只有一点点，也能得到相应的奖励和权益凭证。如此，就能极大地调动参与者的积极性和创造性，让经济体更具活力，促进经济的不断增长。

众所周知，在各中心化的经济体中，流动是价值创造中的最大阻碍；一旦权利被滥用，还会带来各种弊端。而通证化，完全打破了各种人设障碍，将各种资产和权益赋予同样的身份和权力，流通性大大增强。

从通证经济的角度来看，其中的通证必须是可使用、可流通、可识别的，并自身附带一定的价值，被大众认可。简言之，通证经济里的通证就是一种可以流通和使用的价值凭证。

> **区块链密码朋克是什么？**
>
> 　　中本聪的比特币白皮书最早发布于"密码朋克"。狭义地说，"密码朋克"就是一套加密的电子邮件系统；其主要目标之一就是创建数字加密货币。1992年，英特尔的高级科学家 Tim May 发起了密码朋克邮件列表组织。1993年，埃里克·休斯写了一本书，叫《密码朋克宣言》，书中首次出现了"密码朋克"（Cypherpunk）一词。"密码朋克"用户约1400人，讨论的话题包括数学、加密技术、计算机技术、政治和哲学，也包括私人问题。早期成员有很多 IT 精英。

（一）通证的属性

通证有独属于自己的属性，通、证、值三者合而为一。

（1）通。包括使用、转让、兑换等。对于一个凭证来说，在公司内部使用和全社会流通，性质完全不一样。

（2）证。通证可以被识别和防篡改。

（3）值。作为价值的载体和形态，通证背后可能是股权和货币，也可能是承兑汇票和物权……这种价值属性源于社会对通证经济价值背书信用的认可。

通证是通证经济的载体，是实现通证经济的必要因素。

通证代表着一种权益，具有真实性、防篡改性、保护隐私等能力。通过密码学，就能够很好地保护通证不被篡改、不被黑客盗取，让通证更加可靠，更加让人信任。

（二）通证经济发展的阶段

要了解通证经济，就要了解通证经济发展的三个阶段：

第一阶段。二三十年前出现 Token Ring 网络，就是令牌环网。互联网时代，通证被用于指登录验证的令牌。

第二阶段。以太坊 ERC20 出现，通证实现了 1CO 流程的自动化。

第三阶段。通证派的理念就是，把通证的内涵扩大化，通证不再局限于令牌或 ICO 代币，还具有使用权、收益权等多种属性。运用区块链加密技术，可以保障所有不可篡改的符号都作为通证。

全国人大代表，中国移动集团公司董事，浙江移动党委书记、董事长、总经理郑杰今日表示："通证经济是随着区块链而诞生的一个全新概念，区块链项目通过发行有价值的通证，并制定通证分配及流转制度，可以促进关联方的共同协作、优化区块链生态体系。业界所谓的'币改'，就是对资产等经济要素的通证化改造，资产上链并通过一定的共识体系推进经济组织本身的优化升级；而'链改'则侧重于将区块链技术应用于传统企业，让其上链经营，成为区块链经济组织，让参与创造财富的各种利益相关者都具有组织的长期利益的共治和共享权利，其协作效率会数倍于公司制组织；无论是'币改'还是'链改'，都将带来生产关系的巨大变革，促进生产力的大发展。"

第二节　通证的种类

通常来说，我们将通证分为四大类。

（1）应用型通证。也称实用型通证，是目前最热门的通证类型。

这类通证大多都是企业针对自己提供的服务或产品为项目募资而发行的。目前，实用型通证主要以项目概念的未来实用价值来评估，可以提供一种数字化服务，更具体地强调自己的开发平台或生态系统，其价值与平台或生态系统内参与者的活跃度成正比。

如今，在市值前50的通证中，大部分都是应用型。比如，以太坊就是人们熟知的使用类通证，只要数字化服务在某种程度上有用并由稀有且唯一的资源集支撑，代表数字化服务的通证的价值就会持续存在。

（2）工作型通证。如果人们可以持续地从这个去中心化的组织中获得效用，它就是工作型通证。借用工作型通证，通证持有者就能向一个去中心化组织贡献工作，帮助去中心化组织正常运转；在某些情况下，甚至还能得到一定的回报。目前，工作型通证比应用型通证要稀有许多。该应用基于服务提供者持有的代币数量占整体比例，给予成正比的收益机会：持有的代币占比越多，获得下一份工作的可能性越大，获得收益的可能性也就越大。

（3）传统资产型通证。这类通证指的是，使用密码学方法表示的传统资产，如股权、房产等，本身具有明显的基本价值。按照现在的发展态势，可以推测，随着监管的逐渐透明化，基于通证的良好流动性和全球性特征，传统资产类通证很有可能会暴增。

（4）混合型通证。在区块链全面应用后，未来通证既可以作为应用型通证，也可以作为工作型通证。比如，当以太坊从POW转到

POS，ETH 便成了一个应用型通证。未来，定然能在数字资产里看到更多的混合型通证。

第三节　通证价值创新的源头

通证价值创新的源头在哪里？答案就是区块链技术的改造。

进行区块链技术改造有什么好处呢？举个例子，跨境转账。

在香港工作的小明打算给巴黎留学的朋友转 100 欧元，电汇通常要 3—4 个工作日，遇到节假日还要延后。而且，小明还要交手续费和电讯费，这些费用可能都快赶上他的本金了。

> 何为空投糖果？
>
> 区块链项目起步时候，为了推广项目，免费向用户发放一定数量的数字货币。这些免费的数字货币，就是"糖果"。

跨境汇款一般都手续费高、耗时很长，无法带来极佳的用户体验，处于中间环节的银行也感到无奈。转账过程中，可能会涉及中国香港银行、中国巴黎分行等银行账本，而各银行的账本都是独立的，会在规定的时间两两对账，一家银行的同一个账单往往要对好几遍，且每次对账也要花钱，如果某家账本出了问题，甚至还要推翻重来。

为了解决这个问题，就可以将区块链技术充分利用起来，设立统一的区块链账本，让所有银行一起来记录和维护，当发生交易的时候，自动刷新账本，无法篡改，只要进行一次对账即可。如此，就能极大地降低企业成本和信任危机。

通常，企业发行通证会确定一个数额，比如一亿，然后拿出三分之二在用户和企业里流通，剩下的当作原矿，等着用户来挖。用户进行交易时，使用通证让它流通起来，就是挖矿的过程。这时，交易范围就扩大了，包括产品销售、用户消费、发送广告等。可见，交易即挖矿！

同时，发行的通证还包含着公司的现金收入和股东权利，只要将员工、股东、客户之间的权益进行再分配，就能改善企业结构。

从理论上说，有多少价值来源，数字环境中就会有多少通证类型。当然，在探讨区块链中通证的具体应用之前，为了对通证进行一般性的定义，可以将通证分为以下四种类型：

1. 法币通证

法币通证，代表中央银行发行的货币，比如欧元、美元或人民币，可以促进商品和服务的交换。这些通证最为人所熟知的是它们的实物形式，包括纸币、硬币、贵金属和大宗商品。但这些实物形式，也制约了它们在数字环境中的直接应用。

2. 流程通证

流程通证，通过封装必要流程，扩展法定货币的使用范围，使其可以用于数字环境。例如，EMVCo通证会驻留在智能手机中，代表银行、借记卡或贷记卡的账户信息，在远程环境中完成交易。

3. 补充通证

补充通证，是用于封闭环境或受限环境中的交换媒介，具体例子有：航空公司积分、酒店会员计划、星巴克会员星和优步现金等会员服务。例如，为了支持本地小企业，英国布里克斯顿（Brixton）城镇发行了补充货币，当地人称这种补充货币为"布里克斯顿英镑"。

4. 加密货币

加密货币是一种数字原生货币，其目标是取代法币通证和流程通证，创建新的资产形式。

加密货币有几种形式：

（1）工具通证。作为一种众筹方式来筹集资金，用于开发产品或服务，以及购买并使用最终解决方案。

（2）证券通证。让所有者获得发行实体的股份，类似于股东持有上市公司的股份。

（3）稳定币。其价值与第二种资产（如法定货币）、公开交易的大宗商品或其他加密货币挂钩。

那么，加密数字货币与区块链有什么关系呢？

加密数字货币是在区块链网络上发行的一种数字资产。通过区块链浏览器，用户可以查询到数字货币交易的整个流程。其与央行发行的数字货币的本质区别在于：央行数字货币是对 M0 的替代，本身不会增发新货币；而区块链项目方所发行的数字货币，完全是凭空创造出来的一种货币，缺乏主权机构背书，存在较大的信用风险。

从定义来看，区块链是一种新的技术形式，具有透明性、可追溯、不可篡改等特征，可以被运用于供应链金融、产品溯源、存证等领域，建立起一个可信赖的价值网络。

第四节 当通证遇上区块链

区块链发展另一条道路是"区块链＋"通证经济，这条路线也是目前发展落地最为明智的选择。

通证，是行业经济领域里的经济凭证，具有功能属性和权益属性两大特性。

功能属性。通证，具有流动性和稳定性两大特点。而这两个特性又自相矛盾，有流动性，通证就不稳定；要稳定了，就不流动。必须想办法让通证的功能性合理流动起来，又不浮躁平稳运行。

权益属性。权益性，是通证在企业的内权益依据，相当于企业股份，拥有企业红利的分配透明依据。权益性越高，企业效益越好。如果受众群体关注通证权益性时，不频繁交易，通证就稀缺，功能性期望值就会合理上升；反之，通证的权益性越低，受众者不愿持有，交易就越频繁，功能性期望值就会降低。

通证的产生，主要依赖于设计者根据行业状况进行设计，只有少走和尽量不依赖法币的置换路径，才能减少法律风险。

在企业发展初期，羽翼还没丰满，采用"区块链＋"通证经济模式，要想将通证的功能性和权益性结合在一起，就要走发展权益性道路，靠权益性来带动流动性。盲目走流动性，靠功能性期望值来炒高通证，忽略了权益性的健康发展，是异常危险的！

"区块链+"通证经济模式，如果受众群体拥有的通证，主流是靠挖矿的所得，少部分是靠法币的置换所得，获利期望于通证的权益性，企业就是优质的。

（一）通证经济在区块链领域异常火爆

从真正的定义上来讲，通证和区块链可以没有任何关系，跟数字代币也可以没联系。可是，即便如此，为何通证经济能在区块链领域火爆发展呢？主要原因就在于，通证经济里需要通证属性，与区块链的技术特性相契合，具体表现如下：

（1）区块链是个天然的密码学基础设施。在区块链上发行和流转的数字货币，从一出生就带着密码学的烙印。如果说，通证代表着权益，那么密码学就是对权益最可靠、最坚固的保护。所以，从密码学意义上来说，区块链上的通证就是安全可信的。

（2）区块链是一个交易和流转的基础设施。"通证"中"通"的意思是，有高流动性，交易快速，流转快速，安全可靠，而这恰恰就是区块链的根本能力。区块链是天然适合于进行价值交换的基础设施。

（3）区块链是去中心化的。无法人为篡改记录，无法阻止流通，更无法影响价格，要想破坏信任，就更难了。

（4）通证需要内在价值和使用价值。通过智能合约，区块链可以为通证赋予丰富的、动态的用途，让通证的内在价值和使用价值更加凸显出来。

由此可见，在通证经济中，通证所需要的可流通、防篡改、共识基础、附带价值等基本属性，完全符合加密数字货币的特性。而在整个通证经济体系中，更需要通证来作为激励机制的奖励和流通，基于区块链技术发行的通证，自然也就成了目前的最佳选择。

（二）通证和区块链的关系

（1）通证是区块链最好的应用。区块链可以做很多应用，包括公证、用来记账记信息等。但是，区块链最好的应用却是在上面发行可信的数字凭证，也就是通证。通证是区块链最大的应用，不仅支付便利、流通性强，7×24小时全天候市场交易，还能通过可靠的技术，在区块链上无法造假，代表各种价值。区块链的技术变革是一项重大变革，可以进一步重塑现有的商业模式和社会关系，即使是普通投资者，也能参与。

（2）区块链为通证提供最好的平台。通证和区块链，二者是相互独立的。通证可以独立发展，区块链的发展也不依赖于通证。但是，离开了通证，区块链只能实现企业用户的数据升级；有了区块链，这样的通证，人们也不会相信。区块链能够提供最强的安全保证和信任传递能力，是通证的强有力支撑，是发行及运行通证最好的基础设施，因此，要将二者结合起来。

（3）通证是区块链中实现经济激励的主要方式。人类文明史发展到今天，一共使用了三种机制：第一是暴力胁迫，第二是荣誉激励，第三是经济激励。为了促进协作，区块链不能采取前两种机制，只能通过经济激励来进行。比如，在现实世界里，银行账户余额就是这样的；而在区块链世界里，经济价值是用通证来表达的。

第五节　通证经济体系的构建

从通证经济体系建设来看，支付货币类和通用平台类通证通常是不存在社区治理机制的，但目前，越来越多的通证经济体系意识到了"社区"的重要性。

社区治理机制，可以有效推动通证经济的可持续发展，特别是应用类通证，更有利于社区建设项目的落地与发展。

对于整个世界的价值观，只用"金钱"这一个维度来判断，发行通证的意义就会大大减弱。但是，人类价值尺度是多维的，对某一特定事物的价值判断标准，不同的人，不同的时间，都不一样。举个例子，为什么有人喜欢投资股票，有人愿意投资债券？为什么银行会进行承兑汇票贴现？因为在判断价值的标准上，增值收益也是一个重要维度，人们对于其中的风险都有不同的判断。

（一）通证的分类

按照不同维度，可以将通证分为四种：

（1）价值型。它直接对应某种价值，比如这个通证值一千块钱，可以用来做储值卡或兑换券。

（2）收益型。这个通证本身不值一百块钱，但未来可以持续产生收益，比如股票、债券。

（3）权利型。持有人在特定应用场景能够获得相应的权利或权益，比如贵宾卡、优惠卡。

（4）标识型。本身不具有价值，却是一种有价资产或客观事实的标识，比如老年证、房产证。

举个例子，币安币一共有两个核心特点：第一，它可以抵扣平台交易的手续费；第二，平台会把每个季度净利润的20%用于回购币安币，回购的币安币直接销毁，直至销毁到总量为1亿个为止。这两个特点就能够体现出币安币的两个不同维度的价值属性，一个是权利，只要购买了币，就打折、减免手续费；另一个是收益，季度回购代表着未来和增值。

（二）最终设计取决于你的目的

设计通证时，很多项目都会将通证的三个价值构成（现实内在价值、未来收益权和主观价值）混合在一起，用一种通证承载三种存在矛盾关系的价值，无法辨认通证的价值。

如果想让经济体系更简单、更能自圆其说，就要将它设计成三个彼此毫无关系的通证，现实价值用来消费，收益价值当作自己在整个经济体系里的股权，主观价值代表个人在该体系里拥有怎样的权利。

当然，具体要如何设计，还要取决于你的目的。是想打造生态，还是想满足当下的融资？如果你的目的是融资，就不要发行三种 Token，因为投资人的目的是收益变现，人们一般都不会购买代表社区权利的通证。

（三）设计通证经济体系之前要思考

（1）为什么要设计通证化？在设计通证经济体系之前，要认真思考：作为一种价值载体，通证是如何通过流通产生高价值的？它们的价值来源于哪里？以不良资产为例，通证化的价值可能是在二级市场找到更多的买家。如果设计的通证有利于市场主体在经济活动中发现需求或降低成本，就可以设计通证化。

（2）通证为谁创造价值？在设计通证经济体系之前，要想一想：通证究竟是为谁创造价值？在通证的经济体系中，包括资产发行方、消费者、中介等角色，但有时候通证经济体系的设计不一定能让所有人获益。

（3）流通的边界在哪里？在设计通证经济体系之前，要想想：区块链技术可以让通证突破所有边界，但通证真的需要跨边界流通吗？不同属性通证之间的兑换模型存在不确定性，环境发生了变化，也会出现差异，无法形成兑换关系。只有正确确定流通边界，才能正确设计通证经济体系，用区块链来实现。

第六节　通证经济的典型商业化场景

通证是区块链上代表价值权益的记账单位，具有这样几个特点：它是去中心化的，可以用于生态的构建；它是有价格的，能够产生更好的激励效果；它具有流动性，不仅能用于储藏价值，还能实际应用。

从区块链商业落地的角度看，通证是核心连接点，只有设计有效的设计通证模型，才能对一个产业生态圈进行激励与治理。这里，为大家分析几种典型的区块链商业落地场景：数字内容、分享经济和资产通证化。

场景1：数字内容

现实中，与数字内容相关产业都是高度数字化，业务流程都在数字世界中运转，是适用于通证化改造的典型领域。目前，对文字、音频、视频等数字内容，已经形成第三方付费的广告、用户付费的付费内容等商业化方式。对游戏等数字内容来说，游戏金币、道具等虚拟货币则是常见的设计，比如知识付费。

讨论通证化改造的可能性时，可以设想这样一幅场景：系统要想完成循环，需要由用户支付法币，打造一个金钱闭环；用户在产品与社区中活动，为了对他们进行激励，就可以使用通证。因此，对知识付费平台进行通证化改造，除了购买法币，还可以增加积分功能：用户只要购买、完成学习或做出其他贡献，就能获得积分，继而兑换商品。此外，积分还能在内部或外部交易所交易。

场景 2：分享经济

举个例子，为了激励司机，打车应用可以创建一种表示权益的通证，将平台的长期收益与司机分享，吸引司机加入打车生态提供服务，如此就能解决共享经济平台的服务供给问题。

如果普通用户不参与这个通证循环，依然用法币的形式使用平台与叫车服务，就会将平台权益分配给服务提供者——司机，司机只要加入自治经济体，就能享受到生态发展的权益。如此，就能加大平台对司机的吸引力，增加车辆供给，提高平台价值。如果该分享经济平台每季度分配收益，通证持有者就能按比例分配净收益，之后按照打车业务的净收益预测、通证的分配机制来建立模型，测算出每枚通证对应的价值。

场景 3：资产通证化

将线下资产放到区块链上，用可互换通证 (FT) 或不可互换通证 (NFT) 来表示价值，然后在区块链上进行交换，是一种典型的区块链应用场景。

所谓资产证券化，就是将某种特定资产进行组合打包，用未来产生的现金流作为偿付支持，发行债券，募集资金。将区块链和通证运用到该领域，形成的资产通证化通常会具备这样一些特点：将资产数字化变成可以由智能合约控制的智能财产，赋予投资者更大的财产管控权；底层资产的持有者和使用者可以进入该循环中，不仅可以管控智能财产，还能直接参与交易；财产的收益分配，可以直接由智能合约自行处理。

第七节　通证经济会给区块链3.0时代带来哪些革命

通证经济会给区块链 3.0 时代带来哪些方面的革命呢？

（1）创业者能够跟传统资本抗争。在通证经济时代，项目募资少了地域限制，全球各地的投资者都能进行投资。只要投资人合格，项目方就能给他们发售通证，公开融资；项目方不必再像以前一样跑到风投办公室或创业咖啡厅进行谈判，完全可以把更多的精力放在项目运营上。此外，项目发展初期，资金也不再受限于第三方金融机构，不必与此类机构分享收益。

如何存储和交易比特币？

存储：用户可以将比特币存放到自己的加密数字货币钱包中，主流钱包均支持比特币的存取；也可以将比特币存放于加密数字货币交易所中，交由交易所代为托管。

交易：比特币的交易分为"场内交易"和"场外交易"。场内交易是，通过加密数字货币交易所来挂单交易，即通俗意义上的"二级市场交易"；场外交易，是寻找一个交易对手，双方进行面对面或点对点的交易，即直接通过钱包地址转账的方式来实现比特币交易。

（2）新的商业模式成为可能。从本质上来说，传统互联网的免费模式就是，通过免费的方式吸引大量用户，形成垄断和壁垒，然后通过广告或增值服务盈利。通证经济的出现，完全打破了这种模式，项目方完全可以采用通证的发行模式，将项目开源，对项目收益进行重新分配，吸引更多的早期投资人和社区用户。如果持有通证的用户数越来越多，通证价值越来越高，社区用户、投资者和项目就能从中受益，甚至还能完善传统互联网早期的烧钱模式。

（3）自治组织社区的诞生。企业运行的目的是盈利，而区块链的运用，会阻止企业产生巨额利润。传统企业中，团队之间一般都是通过分工协作，进行利益分割；而区块链 3.0 时代，通过智能合约，设立分配和协作机制，往往效率更高、更准确。

通证经济时代，基于通证的社区是区块链的核心。该社区不是简单的一群人在一起，而是一群人一起来做同一件事。大家都为了同一个目标而努力，彼此都是社区的一分子，为社区做贡献，推进通证增值，一同获利。从哲学层面来说，这种自由、独立、平等的全新自治理化社区是未来趋势。我们有理由相信，在区块链 3.0 通证经济大发展的时代，有可能连企业都不复存在。

下篇
区块链在不同行业的应用

第七章 "区块链+"大健康行业

第一节 蔺医——基于区块链的健康大数据平台

如今，医疗资源分布不平衡，健康权已经变成一种极度不平等的权利，多数患者都无法获取健康服务，更无法获取医疗服务。要想解决医疗发展不均衡的问题，一个重要的方法就是，将医疗大数据和人工智能技术充分利用起来。但是，根据麦肯锡的分析报告，今天的医疗行业对大数据的应用明显落后于其他行业，仅实现了10%~20%的潜在价值。可是，即便如此，蔺医平台依然瞄准医疗数据可信交换共享、可视化医疗知识交换共享等行业痛点，打通了各医疗机构作为节点的数据，实现了全球范围内医疗数据的安全交换、有偿共享和可控传播。

健康医疗大数据行业是一个由上、中、下游多个产业组成的产业链，来自不同产业的数据缺乏统一标准，不同产业之间数据的互不认可，同时医院数据误诊率高，智能终端数据不准确等问题，针对

"健康大数据"应用行业的难点和痛点，菌医邀请全球顶尖的数据专家，根据未来医疗人工智能的应用逻辑，利用区块链技术搭建可信医疗数据共享的底层平台，建立规范的数据模板，解决数据存储与交换问题。

菌医，是信天翁数据科技（深圳）股份公司（北京聚农科技有限公司控股）使用区块链创建的一个全民健康大数据平台。该平台以技术体系为基础，区别医疗数据所有权、使用权和执行权，以形式化创建、验证智能合约，实现了医疗数据可信交换共享、可视化医疗知识交换。

该平台是目前行业内唯一用区块链技术构建的完整的健康数据管理项目，为用户提供了一个健康数据采集、存储、价值对应的平台，可以实现健康数据全球范围内的安全交换、有偿共享、可控传播。在智慧物联网条件下，将完整、准确、有效的健康数据引进区块链应用领域，具有非常大的价值，是未来医疗的基础设施。

菌医项目数据模板集成了静态数据、动态数据、连续数据、体检数据、基因数据、舌诊数据多种数据模板，得以校正出最接近真实的健康数据，解决了健康数据的应用需要解决的有效性、完整性、准确性的难题。菌医平台的健康数据除了用于个人的健康养护、精准诊断外，还能持续训练 AI，向科研、医药、保险、卫生等领域提供解决方案，为用户带来巨大的经济价值。

菌医平台将区块链作为底层技术应用，基于链数据处理、数据存储、数据交互、数据安全和数据资产化整体流程去进行设计；建立数据的可规范健康医疗信息流通机制及全新智能合约架构，用区块链存证确权及激励用户共建健康数据生态；基于用户的健康数据，给予个性化的大健康解决方案。

区块链技术从根本上解决了用户的信任问题，激励人们共同建设整个健康数据平台生态。在区块链技术的治理下，可以实现数据闭环、生态闭环、价值闭环；用工作量去激励用户参与生态的共建、共创、共荣。健康数据经区块链加密、确权后，在保护隐私前提下，个人、群体的健康数据将会被人工智能、医药、医疗器械、科研行业不断调用。它将给用户个人和社会带来无限传承的，可持续收益的经济价值，让用户的消费变成投资。

蔺医平台以业务应用驱动，打破了不同医疗机构、不同国家医疗体系之间的界限，提高了全球整体医疗水平；以经济系统激励，促进各组织机构、传统医疗信息系统、物联网健康设备等接入平台，维护了平台健康的有序运行；以生态系统推动，发掘多源异构资源的价值，为知识的存储、交换和升值等提供了有利的成长环境。同时，在强大核心团队和基金组织的助力下，平台有序落地和发展。

我们相信，未来的医疗定然会跟人工智能结合到一起，完整的、可信的、有效的个人健康数据是人工智能的基石。借助这些健康数据，不仅可以进行个人的健康养护、精准的医疗诊断，还能为用户带来巨大的经济价值。经区块链去中心化技术处理后，在不泄露隐私的前提下，个人、群体的健康数据会被运用到医药、医疗器械、科研等行业，给用户和社会带来无限传承。

第二节　将医疗上链，打造最佳医疗效果

作为一种颠覆性的前沿技术，在市场的热捧下，区块链已经与许多传统行业发生了碰撞，创造出众多区块链赋能的应用案例。区块链技术具有分布式存储、不可篡改、数据透明可溯源等特性，能够解决信息不对称、信任问题、信息孤岛等多个行业痛点，同样被广泛应用于医疗领域。

随着生活水平提升，人们的健康意识不断增强。可是，医疗资源配置、利用率等方面有待提升，医药营销、产品流通等细分领域较为传统，亟需运用区块链等新技术进行改造。经过许可的区块链，可以轻松地跟踪医疗保健提供者的专业证书和其他信息，如果当地提供商的信息进行了更新，在区块链地所有区域中都会自动更新。

2020 年 6 月，苏州移动与昆山市卫健委合作，打造了昆山市药事管理服务平台，引入区块链技术，为医疗信息共享上了"安全锁"，标志着全国首个区块链医疗应用正式落地苏州。

该平台依托苏州移动区块链、大数据、云计算等技术，率先将医疗机构电子处方向社会零售药店开放，实现了就诊配药信息的全程互享互通、全网支付，可以对病患、医师、药师及监管人员进行多元化

117

的购药监管。

在该服务平台上，患者可以直接查询三年内在昆山本地医院就诊的记录和信息，还可以对处方单进行溯源追踪，并详细展示门诊信息、药品信息和处方来源。在"智慧昆山"APP上，用户只要点击进入药事管理服务平台，就能查询信息，还可以买药，非常方便。

利用区块链技术，平台将患者的诊疗记录加密存放，不仅可以保障患者隐私，促进医疗信息的共享，形成安全、可信和便捷的医疗记录，具有高度的完整性和可信性，还能让医院和医院之间及时无缝分享信息，无须担心信息被泄露或遭篡改，保障了患者的用药安全。

对共享电子处方进行数据上链，处方不可篡改，全程可追溯，监管部门会更加"心里有数"，解决了电子处方共享防伪性低、容易篡改、责任界定困难等难题。

区块链的引入，还能增加平台的安全保障，服务监管溯源可靠，让百姓就医配药更放心。

随着人口老龄化、城镇化率、就诊能力和意愿提升，人们对医疗的需求越来越大，但是医疗的人均供给资源有限，医疗资源的有效配置和充分利用就显得尤为关键。借助人工智能、大数据分析和物联网等协同作用，完全可以实现一种全新的远程医疗护理、疾病预测、按需服务和精准医疗。

区块链能解决研发、定价、销售，以及患者就诊等环节的问题，帮助实现数据共享、透明可信、防伪溯源等功能。区块链技术的主信息的不可篡改、信息传输和共享等特征，实现了各种场景下确保信息安全的目的。将人们的健康日常数据与健康机构、医疗单位等一起进行采集和利用，确实能为医生诊疗提供更多的参考。比如，借助区块链，可以减少隐私泄露，减少医生的重复劳动，减少误诊率，进而提升医疗安全。

区块链医疗应用促进了医疗服务与医疗模式的转变。将用户的健康数据上链，是一个还没有深挖的"黄金宝藏"，蕴藏着巨大财富。具体表现如下：

（1）个人信息的隐私保护。在区块链技术体系，存储的医疗信息摘要上链，数据的使用和改变会被记录下来，数据存储机构要想使用用户数据，首先就要得到用户的许可。如此，就实现了存储和使用的权限分离。个体身份认证信息分布式存储，中心化存储就不可能被篡改或被盗用等；对区块链的多私钥的复杂权限进行保管，就能将数据使用权回归个体；数据的使用需要用户授权，很好地保护了个体医疗信息。在保护敏感信息时，一旦遇到来自黑客、恶意软件攻击等系统问题，数据就可能被篡改、删除或更新错误等。运用区块链，就能将所有的改动记录下来，保证数据的完整性。将记录执行的所有日志文件都记录到链上，就能对数据活动进行有效监管，降低风险。

（2）提高医诊效率。每天医院都会接待大量的病人，不会单独保留病人的就医记录。且每家医院都有专属的病历卡，病人的就医记录只存在于该医院的病历卡上，造成了医生对病人的医疗记录无法正确判断。当病人选择多家医院就诊时，各家医院的诊断会被写在自家医院的病历卡上，信息是碎片化的。如果用户开通了个人健康数据档案，不管去哪家医院就诊，根据患者的 ID，医生就可以快速诊断病情，且可以追溯之前的病例状况，减少误诊问题，改善医患关系。

（3）做好电子健康记录。在医疗机构之间转移电子健康记录是一项艰巨而耗时的任务，但是，在区块链上获得该信息，可以使该过程更简单、更便捷。通过这些新的递送模式，患者可以更好地控制其病史数据，更轻松地管理和理解该数据。将电子健康记录放在区块链上，还可以为患者分配一个标识代码，以便患者的数据始终与他们的标识符保持关联。

（4）利于临床试验招募。区块链技术，提升了临床试验的质量和效率。链上的医疗数据，可以让临床试验的招募者识别哪些病人适合做测试。这种招募系统能大规模提升临床试验的注册系统，如果不熟悉某种药品，病人就永远不会有机会参与到该种药品的实验中。在试验进行中，区块链也能确保实验数据被准确收集。

（5）保障数据的准确性。医疗信息在多个医疗机构、多个区域平台中的交换共享，其价值核心是保障数据的准确性与完整性。利用区块链技术，所有参与数据生产和使用的人一起来维护一份医疗数据账本，通过区块链的共识机制，就能变更数据，确保数据的准确性。

第三节　区块链在大健康领域的主要应用

（一）医保

目前，与区块链相关企业合作的保险公司已经开始了众多创新。举个例子：

将自动化应用于区块链开发，患者可以与医院、医生和制药公司建立电子协议。

各方完成的交易占用一个随后链接到"链"的"块"，随着时间的推移，产生所有并发交互的可靠记录。比如，过去在一份标准的《健康计划协议》中，与各种第三方实体打交道时，各方都会跟另一方签订纸质合同。

借助区块链技术，参与者都能单独（和数字化地）加载仅与其共享合同相关的信息。正在执行事务时，所涉及的每个人都可以查看正

什么是算力？

算力（也称哈希率）是比特币网络处理能力的度量单位，即计算机(CPU)计算哈希函数输出的速度。在通过"挖矿"得到比特币的过程中，需要找到其相应的解 M，而对于一个六十四位的哈希值来说，要找到其解 M，却没有固定算法，只能靠计算机随机的 Hash 碰撞。一个挖矿机每秒钟能做多少次 Hash 碰撞，就是其"算力"的代表，单位写成 Hash/S，即工作量证明机制 POW(Proof Of Work)。

在授权的状态、历史和过程。如果需要专业的健康人士，就可以发送和接收与该病例相关的信息。

区块链不仅为保险公司提供了存储个性化健康信息和支付计划的安全渠道，还使保单持有人始终可以访问这些记录。如今，区块链技术已被多数人所了解，已经开始逐渐改变医疗保险。其潜在优势主要体现在：

（1）增加安全性。在医保领域，区块链技术创造了一个安全统一的、分布式的数据库。区块链数据不可篡改，保证了数据的安全，完全可以被用于注册和追踪成千上万患者的医疗数据。传统数据库往往依赖于一个中心化的服务器，分布式系统的运用，既能大幅提升数据交换的安全性，也能削减服务器产生的费用。区块链去中心化的特性，使其更不易产生技术问题；面对外部攻击时，抗风险性也更强大。将区块链网络提供的这种安全特性充分运用于医疗领域，就能对抗黑客入侵和勒索软件的攻击。

（2）保险欺诈保护。运用区块链技术，可以抵抗医疗保险的欺诈行为。存储在区块链上的数据是不能改变的，这些数据（包括费用明细）还会分享给保险提供商，这些都可以避免欺诈行为的出现。

（二）医药

医药产品来源广，人们的健康保障也会更加全面。但是，药品的质量安全却是当下行业发展不可回避的一个问题。区块链的诞生，让人类构建真正的信任互联有了条件，人们可以更安全、快捷地共享医疗健康数据，为医药行业的发展带来了机遇。比如，通过区块链，可以储存和转移药物信息，跟踪处方，识别被盗或假冒药品，公开分享临床试验结果。药品伪造是制药行业的主要问题，数据显示，截至2017年，全球约有60种不同的药品和产品被伪造；世界卫生组织估计，16%的假冒药物含有错误的成分，而17%的假冒药物必然含有错误成分。在药物可追溯性中，添加到区块链中的每个新事物都是不可变和带时间戳的，可以轻松跟踪药品并确保信息不被更改。

2017年11月4日，联合国药控股、华润医药、上药股份等医药行业巨头在青岛成立了全国医药区块链联盟服务门户。

联盟的药品追溯服务涵盖药品生产、流通和使用等各环节，实现了"一物一码、物码同追"，可以追物流轨迹、温度湿度、发票以及药品检测报告等内容；还可以通过生产企业内部生产线的改造，把生产信息直接写入追溯码，方便监管人员与消费者直接扫码追溯药品的源头信息。

这个联盟平台的推出，不仅为药店节省了大量费用，还提高了交易效率。

如今，全国公立医院已经全面取消了药品加成，医药被分开，处方药外流，基层医疗机构和零售药店迎来了更好的发展机遇。取消医院药品加成，基层诊疗机构的慢性病用药目录就会扩大，零售药店经营会更加艰难，甚至还会对中小连锁药店造成较大冲击。决定外流处方吸收量的关键因素，一是企业的供应链整合能力，二是企业的专业服务能力能否保证患者的用药安全性和依从性。区块链技术的可追溯性和不可篡改等特征，可以提高供应链的整合能力，提高专业服务能力，患者用药会更安全。

1. 区块链助力药品溯源

区块链对药品溯源有着巨大作用，药品溯源也是区块链在医药行业的落地方向之一。

上海三链信息科技有限公司开发出一款基于区块链技术的医药溯源应用，可以进行医药溯源、追溯查询和医药溯源数据交易等，解决了供应链上下游之间的信息不透明、不对称，企业间信息共享的难题。具体表现包括：

联盟链上存储的数据获得各节点授权后，可以对医药供应链全链条的数据进行统计分析，辅助计划策略的制定，简化采购流程，降低库存水平，优化物流运输网络规划，对商品销售进行有效预测。

医药溯源数据交易市场构建了大数据交易平台，可以溯源数据交易流程和定价策略，各企业主体完全可以依据自己的安全和隐私要求，积极响应联盟内外的数据需求，顺利完成交易。

区块链在药品溯源方面的应用，不仅能优化整个医药行业的供应链网络，还能促进各环节成员的互利互惠，真正保障终端消费者的生命安全权益。

区块链能够提供一种可靠的方法，对药物从生产到销售的走向进行追踪，有效解决药物的造假问题。此外，使用物联网设备，通过测量温度等外界因素，还能对储藏和运输的条件做出判断，甚至保证药品的质量。

2. 降低医药采购风险

药品经销商将药品按合同交付给医院后，一般要 60~90 天，才能收到货款。而中小型药商一般都没有完备的信用记录，无法提供符合融资标准的抵押品，往往都很难从传统金融机构获得贷款支持。而将区块链运用于医药领域，就能大大降低医药采购的风险。

IBM 与禾嘉携手打造了医药采购供应链金融服务平台，即易见区块链技术应用系统，不仅给医药经销商提供了更多融资机会，还将收款时间减少到交易隔天。该平台使用超级账本 Fabric 开源项目，可以对药品供应链进行全流程的追踪和记录加密，不仅能保证业务数据的真实性，还能有效降低融资机构贷款风险，缩短企业的收款时间，缓解中小型药商的融资困难。

为了避免"毒疫苗"类似事件的发生，就要减少医药行业的市场垄断行为，为高成长性的中小企业发展提供有力条件，而区块链技术的应用，就是医药行业拨乱反正的尚方宝剑。虽然目前我国"区块链 +"医药仍处于试水阶段，理念和技术还不太成熟，但凭借强大的区块链，相信未来医药行业必然会获得长远发展。

（三）健身

最近几年，与运动相关的智能手环获得了长足发展，从微软、小米、百度等巨头趋之若鹜的黄金时期，走到了产品大量同质化的今天。但是，用户对手环的依赖度依然很低，这也是智能手环行业急需解决的一个痛点。

举个例子，目前大部分智能手环都是与微信绑定的，每日的运动量会在微信好友中进行排名，虽然数据是公开的，但微信的官方数据不一定是准确的。反之，假如智能手环能够在整合体征测量、计步、健康分析、健康指导等常见功能外，加入基于区块链的不可篡改等特性，就能让数据变得更加真实可信。

另外，此类公司会通过一些"突破奖励"的策略，逼用户去打破自己的最高纪录，促进用户积极地去运动。例如，针对5km、10km、21km和42km的中长跑运动，只要用户每打破一次最佳保持纪录，便可以获得奖励币。也就是说，运动越多，获币越多，达到更加健康的目的。

这种方式，不仅可以促使人们运动健身意识的形成与成长，也是区块链技术少有的生活化、场景化应用，实现了"让运动当钱花"的新消费理念。

目前，很多人都喜欢健身，许多健身APP都能实时记录个人每天的运动数据。可是，这些数据一般都只记录每天的步数、心跳指数、被消耗的卡路里，无法测算出用户本来的身体机能是否符合这样的运动速率。基于区块链，客户开通了个人健康数据档案，使用APP时，就能清晰地了解自己的身体适合哪些运动、应有的运动速率是多少。

健康经济最核心的痛点集中在两个方面：一个是信息沟通闭塞，另一个是价值利用率太低。

1. 信息沟通闭塞

健身领域信息沟通闭塞，主要表现为以下几个方面：

（1）资本的领地意识过剩。健身资本圈之间合作意识不强，领地意识过剩，认为健身场所之间的区域性竞争远超合作共赢的利益。

（2）私人教练间的沟通闭塞。健身房的业务，除了办理健身卡、享受器械、自己锻炼外，加入会员后，为了强化健身效果，消费者一般都会选择私教。为了不影响自己的业务，私人教练间一般都不会对用户信息和专业技能进行分享。

（3）用户间信息分享相对有限。健身时，有些用户会拍照发朋友圈，但多数人都不会把自己的训练内容发布到微信和微博上，这样就阻断了信息的自由传播。

2. 价值利用率太低

健身场所价值利用率低，主要表现在以下两个方面：

（1）健身房的利用率低。用户锻炼的场所，一般都集中在自家附近、工作场所或出差旅游地。同时，虽然人们都想健身，但并不盲目，多数人都不会同时办理多张健身卡；即使办理了健身卡，也不会每天都去。

（2）内部的可利用空间待挖掘。在健身房内部，有很多可利用的空间待挖掘，比如广告招商、健身的综合性服务、附加产品的销售等。

传统运动，缺少良性互动的机制，除了为特定目标而运动的人，比如减脂、塑性、马拉松比赛，很少有人能在机械的运动中长久地坚持下来。有些人之所以会购买健身卡，可能只是一种心理安慰，达不到督促健身的效果，一旦应用于运动的区块链技术完全发展成熟，将会对运动行业产生颠覆性的冲击与影响。

第八章 "区块链+"制造业

第一节 区块链对制造业的三大价值

近年来，中国制造的规模不断提升，借助高科技和互联网大潮，"中国制造"已经成功升级为"中国智造"，智慧含量越来越高，核心竞争力正在逐渐归入中国的研究机构和企业的手中。

2020年12月，工信部在相关工作会议上公布：在2016~2019年，我国制造业的增加值由20.95万亿元增至26.92万亿元，年均增长8.7%，占全球比重达到28.1%。此外，数字经济规模年均增长16.6%、35.8万亿元，占GDP比重为36.2%。这组数据背后，也体现了中国经济极大的增长潜力。

2018年9月19日，以"驱动数字中国"为主题的2018杭州·云栖大会在浙江杭州云栖小镇开幕。马云首次全面阐述了对"新制造"的深入思考：新制造将重新定义制造业。他认为，未来10~15年，制造业会感到非常痛苦，依靠传统资源消耗型的企业会越来越难做，制造业要保持高度清醒认识，不要安于现状。

9月21日，在2018国际数字经济博览会——区块链产融峰会上，《区块链3.0共识蓝皮书》正式发布。该蓝皮书的发布，预示着人类全面进入数字经济、数权世界，包括电子政务、金融、保险、证券等多个行业都将进入新一轮的产业变革时期。

作为国民经济的重要组成部分，制造业该如何审时度势、实现新的飞跃和转变？

区块链技术是一种集成应用，包含分布式数据存储、点对点传输、共识机制、加密算法等新技术，可以在实体经济企业生产、销售、管理、运维、大数据应用等各环节产生作用，甚至重塑这些流程。传统的工业互联网主要以"工业云"为载体，但制定方案的价格很贵，基础设施和维护费用极高，需要中心化的云服务、大规模的服务器集群和网络设备作为支撑。一旦工业互联网深度推进，生产单元中联网的人和设备以数十亿级别的速度增长时，要处理的通信量和成本消耗都异常惊人，只要出现一个故障点，整个网络就可能崩溃。

利用区块链技术，将分布式智能生产网络改造成一个云链混合的生产网络，就能提高效率，积极响应，降低能耗。生产中的跨组织数据互信，一般都通过区块链来完成，订单信息、操作信息和历史事务等全部记录在链上，分布式存储、不可篡改，产品的溯源和管理将更加安全便捷。

未来，随着技术的不断发展，区块链与制造业的联系必然会日益紧密。那么，对于制造业来说，区块链能产生什么样的价值？这种分布式数据存储技术又将为制造业带来什么影响？

（1）降低成本。区块链是一个无法改变的点对点的数据储存系统，可以确保数据不会因某个节点故障而丢失。所以，制造商运用区块链技术传输和保存重要文件时，就不用担心中途丢失的问题了。共享文档时，系统会重新创建一个块，添加到过去的块上，形成一条易于跟踪的链。每个人都能看到信息的走向，改善供应链的可追溯性。

制造业的供应链往往分布在全球各地，发货交易都发生在不同的时间段，产品的研发、制造和交付等过程无法跟踪，区块链提供的路径实时可见，创建的供应链更智能、更安全。

借助这种供应链系统，制造商就能快速检测并解决突发问题，无论是产品错误，还是安全漏洞，都可以顺利找到原因，减少产品召回的可能性，从而进一步降低产品制造服务的成本。

（2）防止数据操纵和篡改。随着数字化和工业物联网的发展，制造业已经成为黑客攻击的第二大目标。所以，在现代制造业中，网络攻击已经成为一种常见威胁。区块链提供了一种创新方法，可以提高网络安全，保护组织免受网络攻击，防止数据操纵和篡改，进一步提

区块链中的密码学是怎么应用的？

在区块链技术中，密码学机制主要被用于确保交易信息的完整性、真实性和隐私性。区块链中的密码学包括布隆过滤器、哈希函数、加解密算法、数字证书与数字签名、同态加密、PKI体系等。

升数据的安全性。

（3）自主性机器维护保养。工业 4.0 时代，机器是会用了大量先进的自动化设备、传感器和执行器，维护起来工程艰巨，工人需要掌握更先进的技术。如今，有些工厂正在尝试新的方法来维护设备，如基于状态的维护、预测性维护等。利用人工智能技术自动诊断，发现问题，就能提醒员工维护，减少停机时间。在这个过程中，区块链可以使机器更加自主，在损坏之前，机器可以自动下单更换零部件，制造商和零件供应商可以通过区块链紧密连接。

第二节　区块链在制造业领域的主要应用

区块链在制造业领域的应用主要包括：

（一）整合产品数据

借助区块链，人和机器都会被连接到一个全球性的网络中，其基础设施会以去中心化的方式来配置全球资源，促进社会经济发展。基于区块链的分布式云计算基础设施，人们就能按需、安全和低成本地进行访问，降低数据中心的热能损耗，数据供应商与消费者就能更便捷地获得所需的计算资源。

区块链技术关心的问题是，数据控制权限的共享，即数据的修改和增加权力，共包括两个含义：一是谁可以进行数据的修改；二是以何种方式进行。

在互联网模式下，数据的读取、写入、编辑和删除等流程一般都需要进行身份的认证，只有特定的人，才能对数据进行修改；而区块链模式，以分布式账本的方式构建了一个去信任的系统，任何人都能参与对数据的读写。简言之，区块链共享的不仅仅是数据，也是数据的控制权，这也是区块链式共享和互联网式共享的本质区别。

网站运营方完全控制着中央服务器，可以对数据进行随意的编辑和处理。虽然有些组织也需要在法律和协议的允许下完成数据修改，但掌握着大量资源，个人用户很难享有完全的控制权。举个例子，某用户将一张照片上传到网站平台，希望朋友们能看到。除掉一些非法要素，谁拥有这张照片的最后控制权呢？从用户角度来看，这张照片归用户自己所有。但事实上，这些社交网站才是真正的控制方，它们可以随意地对照片进行修改，用户却毫无办法。可见，在现有的互联网体系下，只要掌握了网站平台的运营权，就能完全控制平台上的数据。

而在区块链体系下，数据不属于任何权威方，其权限由规则来进行控制。这些规则的主要目标是：规定什么样的信息是有效的？规定参与者应当如何对其进行反馈？这些规则一般都是预先定义的，参与者必须遵守。从技术上来说，参与者可以自行忽略某些规则，为了维护自身利益，甚至还可以构建一些无效数据，但运用区块链的共识机制，其他参与者就能根据规则将这些无效数据排除到网络外。

总的来说，区块链是根据技术层面的规则体系来规范数据的写入行为的，而互联网是通过权力和资源来控制数据的。

区块链以权限分享的形式，让参与者同时作为数据提供方、验证方和使用方，共同维护区块链数据的安全性和有效性。

（二）产品溯源

区块链保存了完整的数据，保证了信息的可追溯性，实现了价值链信息透明、安全和共享，制造业与区块链融合，重要落地场景就是产品溯源。

何为ICO、IEO和STO？

ICO："Initial Coin Offering"的简称，首次代币发行。指区块链项目首次向公众发行代币，募集比特币、以太坊等加密货币，获得项目运作经费。

IEO："Initial Exchange Offerings"的简称，首次交易发行。指以交易所为核心发行代币；代币跳过ICO这步，直接上线交易所。

STO："Security Token Offering"的简称，证券化通证发行。指受到证券法的监管，以公司股权、债权、黄金、房地产投资信托、区块链系统的分红权等作为对应的通证的公开发行。

在制造企业的供应链管理中，借助区块链技术，企业就能解决原料的公信问题。选择原材料供应商时，构建基于互联网的联盟链，企业就能检测出假冒伪劣原材料，找到引起市场反感的原材料来源。例如，通过区块链的分布式存储，就能确定制造业用来生产的原材料模块，并对这些模块的去向进行跟踪。

传统的供应链管理涉及各环节的合规性管控，要实现全链条的实时跟踪，非常困难，即使实现了，也或多或少地存在一些问题。对制造业来说，只要将区块链联合起来，就能降低供应链原材料采购过程中的核查风险，构建包括采购、生产、运输等过程在内的可追溯机制。

传统检测过程，不仅会耗费大量的人力和时间，还会出很多纰漏，利用区块链技术，供应链就能有效消除各种潜在的信任危机，降低成本花费，提高行业威慑力。

互联网是信息共享，区块链是价值共享。区块链"多中心化"的特点，是"制造业服务化"和"产业共享经济"升级的有力支撑。特别是，基于区块链智能产品实现的数字价值通证的产出、流通和激励，还能有效推动制造业企业迅速跨越鸿沟、实现指数增长，形成以智能硬件为基础的新商业生态，进一步促进资源的共享。

（三）跟踪产品，提高售后服务

利用区块链技术，制造业企业就能对自己的产品进行生产及售后服务跟踪。比如，登记在区块链上的产品，可以从生产线一直追踪到目的地；建立售后区块链，企业可以检测到异常的售后情况，阻止与保修和服务相关的欺诈活动；控制费用增长，延长保修和保险服务，有效提高售后服务水平。

电子制造行业企业主要包括两类，即 OEM 和 ODM。简单来说，OEM 就是代工生产，没有产品品牌；ODM 主要从事产品的设计和研发，是品牌的拥有者，将制造、采购、部分设计和物流等外包给OEM 企业。比如，苹果、小米、魅族等企业的产品，基本都是通过富士康等代工厂生产的。

电子产品企业的生产，供应商较多、物流供应链较为复杂，仓储管理及售后服务成本很高。将产品登记在区块链上，就能进行及时追踪，提高售后服务的质量，赢得用户的信任。

第九章 "区块链+"食品行业

第一节 区块链赋能食品行业，让食品更安全和更节约

区块链是在开放的虚拟空间中，跨越用户网络存储和共享信息的一种方式，用户可以同时且实时查看所有交易。在食品行业，潜力巨大。举个例子，运用区块链，零售商可以很容易地发现供应商与哪些人进行合作。同时，区块链交易不会存储在集中位置，市场信息几乎不可能被破解。

从消费者方面来看，只要用智能手机扫描简单的二维码，就能知道食品的来源，了解产品信息，比如动物出生日期、使用抗生素与否、疫苗接种情况、动物屠宰地点等数据。

区块链的运用，让供应链的透明度达到一个全新层次，整条供应链能够更好地响应食品安全灾难。

沃尔玛刚刚完成区块链试点项目。在使用区块链之前，沃尔玛对一家分店的芒果进行了溯源测试。花费6天18小时26分，溯源到芒

果采摘的最初农场。而使用区块链，可以在 2.2 秒内给消费者提供想要的所有信息。

在食品问题爆发期间，六天几乎等于一万年。可见，区块链技术可以挽救许多生命。

区块链不仅可以随时追踪特定产品，减少食物浪费；还能检测到受污染的产品，将安全食品留在货架上。

区块链允许人们更快地支付，无论是在农村，还是在城市，都能更快地出售产品，更容易获得市场数据并进行验证。

区块链可以消除中间商和降低交易费用，"撼动"食品部门；定价更公平，小型商家更容易获得市场关注。

区块链可以提供食品价值链中不同参与者之间的永久记录，还能实现数据共享，零售商就不能私自出售欺诈性食品了。

当然，区块链可以处理的信息量是有限的，区块链的成功整合，需要所有组织的参与。食品行业要积极拥抱区块链，将其纳入行业数字战略，提高食品的透明度、生产率、竞争力和可持续性。

第二节　食品行业的应用优势和特征

当今的供应链日益复杂，品牌面临着更大的挑战，为了赢得消费者，就要确保送到消费者手中的产品是最好的、最安全的。可是，在食品到达消费者手中之前，制造和配送阶段要经过很多人的手，极易发生质量和安全问题，甚至还可能引发召回和其他健康问题。

只有正确记录供应链的每个步骤，信息才不会丢失，才不会严重损害品牌形象。目前的供应链系统并不允许消费者和其他利益相关者理解食品的真实价值或来源，不为这些产品分配专用的可追溯值，第三方可能很难知道问题出现在哪个环节。可喜的是，目前食品企业对区块链技术的认识正在迅速显现，近60%的大公司都在考虑使用区块链。食品行业运用区块链的优势主要体现在：

（1）供应链的数字化。如果供应链中的消费者和参与者需要更高的透明度，区块链就可能改变食品信息从农场流向餐桌的方式，增加流程的可见性和效率，确保质量和安全。区块链是一种数字化、不断增长的记录或数据区块列表，使用加密技术进行安全链接；完成一个区块之后，该技术会生成一个新区块，同时按线性顺序永久地保护旧区块。每个区块都包含着来自前一个区块的加密信息、时间戳和事务数据，完全可以抵制数据的修改或删除。区块链技术可以改变用户购买、销售、交易商品和服务的方式，可用于任何交换、协议或合同以及支付和跟踪付款。

（2）对食品行业的好处。在供应链中，食品会多次易手：从原料制造商到加工设备再到包装业务（有时是合同包装商），接着到运输和配送，然后到零售。当产品从零售商运送到消费者手中时，不断增长的电子商务市场又会增加一层电子业务。使用区块链，可以将每个事务记录下来，在永久分散式存储库中查看，减少潜在的延迟、附加成本和人为错误。例如，如果发现某食品出现了问题，具有系统访问权限的用户就能及时查明问题的来源并做出响应，保护消费者的健康和品牌形象。制造商确定了问题根源，食品公司就可以调整他们的召回，仅选择受到影响和构成风险的产品。

此外，还可以加快反应速度。在分散式系统中，供应链信息很容易获得。利益相关者可以在一天到几天内收到必要的信息并做出相应响应，而不是花费数周的时间来确定问题出现在哪儿，从而尽量减少损失。

（3）提高透明度和信任度。显然区块链的一大好处是，可以立即描述数据和信息，还增加了安全。借用区块链，彼此开展业务的公司就能不可磨灭地记录交易。区块链的内容无法撤消或改变记录，值得信赖。此外，该技术还可以存储更多的文档和数据，获得更详细的见解和分析。

> 何为搬砖和割肉？
>
> 搬砖：看准平台之前的差价，跨平台赚取其中的差价。
>
> 割肉：即"斩仓"。有些人担心跌得太厉害，即使跌了也卖。

使用区块链，品牌不仅可以对自己的数据安全表示放心，还能与客户建立信任，提高品牌能力，满足消费者了解产品更多信息的要求；对产品在供应链中的旅程进行认证，可以揭示确切来源和历史，证实产品声明并最终建立信任。

第三节　区块链在食品行业的主要应用

（一）食品溯源

食品，是人类生存、发展的基本条件。享有食品安全的保障，是人们最为基本权利之一。

食品安全问题，关乎民生，关乎健康，更关乎国家的稳定和发展。

近年来，随着经济全球化进程的加快，以及我国在经济、科技领域的飞速发展，国民的饮食种类日趋多元、饮食口味日趋多样、各民族饮食文化日趋融合。但是，出现的"三聚氰胺事件""苏丹红事件""地沟油事件"等食品安全问题，着实让人民为食品安全管理充满了疑问。

区块链技术也被称为分布式账本技术，可以建立食品溯源体系，如果发生了食品安全事故，任何人都能回溯到每个交易节点，发现问题所在。同时，区块链技术还提供了一种标准化的记账方式，统一了食品产销的所有记账环节，实现了食品溯源。

食品供应链的全过程都在区块链上进行，食品生产、运输、销售等任何过程都可以在几秒钟之内被追踪到。

区块链技术，对食品行业的每一个人来说都是有利的，比如发生食源性疾病时，区块链能立即追踪到受影响的物品来源，迅速找到问题，餐厅或相关者就可以从菜单、货架和供应链中移除受污染的产品。

区块链技术较具普遍性的一种应用就是，交易更加安全，监管更加透明。简单来说，供应链就是一系列交易节点，连接着产品从供应链到销售端或终端的全过程。从生产到销售，产品会历经供应链的多个环节，借助区块链技术，交易就会被永久性、去中心化地记录，降低时间延误、成本和人工错误。

1.区块链技术的应用有助重塑互信关系

去中心化是区块链技术的重要特性之一，使得所有信息均公开记录在分布式的公开账本上，同时，数据的承载不依赖于任何个人或组织。食品在生产、销售、运输等各环节将信息录入后，不能修改，可以追查，所有消费者都能查询到食品自种植、生产、制作，到出厂、上架、销售、运输等全部过程。一方面，通过区块链技术，所有信息更加透明，可以重塑生产者、消费者、销售者和运输者的互信关系。另一方面，"公开账簿"中的信息是透明的，参与者都能获得食品由产至销的监督权限，各节点信息录入者的造假成本大大提升，市场的公共约束力也就增强了。

2.区块链在食品溯源领域的应用需完善

（1）虽然区块链技术可以实现各环节参与者之间的互信关系重塑，能够提升市场的公共约束力，提升各节点信息录入者的造假成本，但是食品本身的物理造假等问题依然存在，需要想办法结合征信、社会监管、区块链技术等多方面力量彻底杜绝食品造假问题。

（2）从理论及发展前景上来看，区块链技术的应用能够有效解决食品溯源问题。但是从市场的角度来看，食品需求端希望消费得到保障。那么，食品供给端是否有足够的产品上线？供给端是否愿意进行信息共享？在市场的机制下不上链的企业是否将被淘汰？是否应该建立奖惩机制？是否已经具备完善的运行准则、规定条例等？

（3）从技术角度看，区块链处理速度是区块链应用落地的主要阻力之一，需要进一步明确这样节问题：现阶段吞吐率是否满足商用？如何满足商用等问题？

（二）产品标签

在产品标签标明产品是有机的、无添加的，是一种流行的营销策略。但是，这些标签到底是什么意思？谁来决定什么是有机的？商家是怎么做到的？

> **什么是钱包、钱包地址、私钥、公钥？**
>
> 加密数字货币钱包能提供钱包地址的创建、加密数字货币转账、每个钱包地址交易历史的查询等基础金融功能。钱包一般分为冷钱包和热钱包，主要区别是互联网是否能访问到私钥。每个钱包地址都对应着一个公钥和一个私钥。私钥只有用户可以拥有，而公钥可公开发行配送，只要有要求即可取得。

如今，有些公司已经明确了确认产品标签的要求。比如，有些公司关注的是乳制品、肉类和蛋白质的第三方食品来源验证。

他们会检查土壤，确保农产品的有机性；会检查动物的生活条件，验证这些标签的真实性。

运用区块链，把食品行业的监管和消费者需求结合在一起，就能确保营销声明的真实性。为了证明这些说法的可靠性，认证和审计报告都可以在区块链上进行注册。

获得了供应链中的参与者的支持，就能扩大具有良好道德的公司的行为，淘汰掉那些做出虚假声明来误导产品来源的公司。消费者只要知道公司标签已经获得了区块链系统支持，对这家公司的信任度就会大大增加。

（三）农场和经销商信息

在食品供应链中，区块链解决方案不仅有利于消费者，还有利于经销商。原因在于，在区块链上对经销商进行授权，优质的经销商通过授权可以获得更好的市场份额，让农民和生产者实时获取商品价格和市场数据。农民获得了更利好的市场信息时，就会变得更有竞争力和生产力。例如，通过 IFM Chain 区块链平台，北大荒的农民就能与上海大米经销商建立联系，获得及时的市场信息，卖出更好的价格。

同时，在食品溯源过程中发现的问题供应商和经销商也会被标记在区块链上，消费者看到后，就会主动远离这些公司的产品，这些企业和产品也会在市场中慢慢被淘汰。

第十章　"区块链+"物流业

第一节　利用区块链技术打造智慧物流体系

在经济全球化和电子商务的双重作用力下，物流行业从传统物流向现代物流迅速转型并成为当前物流业发展的必然趋势。对于"区块链+"物流模式，很多电商物流平台早有尝试。例如，为了打消用户在全球购方面的假货疑虑，2018 年 3 月 10 日，京东打通了全链路跨境物流系统和区块链防伪平台，结合跨境物流生态系统与区块链技术，搭建了一个跨境商品精准追溯生态体系，实现了跨境物流供应链环节的全程可视，有效提升了跨境物流服务水平。

物流，是产业供应链中非常重要的一环。产业供应链上，参与者众多，跨度大，范围广，存在很多不信任的关系和场景。同时，每个环节的信息都孤立地存在各自系统中，取证和解决矛盾都尤其困难。区块链的运用，让电子数据的生成、存储、传播和使用等流程变得更加可信。用户完全可以通过程序，将物流各环节的操作行为全程记录在区块链上，比如电子运单、电子仓单、电子提单、电子合同等，提高区块链电子存证的效率，节省成本。

物流行业是国民经济的动脉系统，连接着每个部门，并使之成为一个有机整体，存在的痛点问题有：数据存储复杂、人工操作烦琐、容错率低；客户数据安全性差，无法保障用户隐私等。使用区块链技术应用打造的智慧物流可以实现以下改善：

（1）有效存储数据，降低人工出错率。基于区块链分布式存储机制，对每一个"块"进行加密，按照时间戳形成分布式的账本，允许所有账单在多个位置备份，不仅会减少人力物力，还可以提高办公效率。

（2）使各个交易方信息透明化，保持供应链各环节信息流畅。基于区块链数据的不可篡改特性，能有效杜绝物品流通过程中产生假冒伪劣的情况，即使发生了这类事件，也可以追根溯源，找到源头。

> **何为对冲？**
>
> 同时进行两笔行情相关、方向相反、数量相当、盈亏相抵的交易。在期货合约市场，买入数量相同、方向不同的头寸，当方向确定后，平仓掉反方向头寸，保留正方向获取盈利。

（3）保证客户信息安全。基于区块链的公匙、私匙机制，快递领取点和快递员都有自己的私用密匙，只要在区块链中进行查找，就能知道快递是否被签收。没有收到快递，就不会生成签收记录，快递员根本无法伪造。

第二节　区块链在物流领域的主要应用

区块链在物流领域的应用主要有以下几个：

应用 1：物流配送

要想将一件商品配送到消费者手上，需要通过快递物流来完成，但目前快递行业却存在很多问题，比如信息造假、泄露用户数据、缺乏赔偿机制等。其实，在快递物流行业建立区块链数据共享平台，就能效解决以上问题。

基于区块链技术的数据共享平台，可以将快递包裹的寄件、揽件、运输、配送、签收等全流程数据进行上链，确保包裹流转过程的公开透明。

区块链系统保存了寄件和收件人信息，当快递员进行配送时，就能通过特定系统进行实名认证，包裹就不会被无关人员冒领或错领了。比如，在配送过程中，如果包裹丢失，用户就能通过区块链系统对包裹信息进行追溯，确认流转过程中引发问题的环节和责任人。另外，基于非对称加密机制的配送系统，还能利用密钥对物流信息和用户信息进行加解密，保障数据的安全性和寄件、收件人的隐私。

当然，区块链上的交易需要手续费。从原理上来看，交易的过程也是矿工打包的过程，只有用户支付手续费，矿工才会将这笔交易打包并进行全网公布。手续费的大小主要取决于目前全网算力难度的大小。当全网算力达到一个峰值时，为了吸引矿工对这笔交易进行优先打包，用户需要支付更多的手续费，打包速度越快，交易速度也就越快。反之，当全网算力竞争较小时，用户即使支付了较少的手续费，也能快速被矿工打包交易。

应用2：物流金融

如今，电商物流中的小微企业遇到很多发展颈瓶，比如信用体系缺失、融资渠道贫乏、发展资金有限。而物流金融业也存在参与方信息不对称性、管理水平低、经济实力弱等问题，降低了业务水平与效率。

引入区块链技术，将区块链与物流金融信息数据库进行连接，利用链式账本，实时记录参与方的交易信息，就能建立高效、安全、透明、信任的交易环境，物流企业、融资企业和金融机构就能实时共享交易数据，减少不必要的审查和检验，提高协作水平。另外，在资金流通过程中，区块链的非对称加密算法、数字签名、零知识验证技术等，可以确保用户数据的安全性和隐私性，保障金融机构授信时参照数据的准确有效。

供应链体系的数据，对区块链进行追溯和存证，就会产生信任，现阶段主要的应用场景在应收账款。区块链是打通供应链金融多方主体的工具，推动了各主体间的协作，不仅有利于底层资产的监管，还能建立新的信用、资产评级体系，促进供应链金融ABS产品的发行。

简言之，通过区块链，把核心企业在资金方的授信根据应付账款发行为链上通证，根据真实的贸易链条，将通证进行拆分，链条上的小微企业就能获得资金方的金融服务。

应用3：物流智能仓储

仓储环节效率的高低关系着电商物流货品的安全性和实效性。利用区块链技术，有效结合 RFID、GPS、传感器、条码等科技，对电商物流仓储进行智能化管理，就能对出入仓货物进行有效监控，减少查找、识别、追踪货物的人力成本和时间成本。

使用区块链系统，货运管理员就能对储物柜信息与货物运输状况进行追踪，一旦发现了问题批次，就能在第一时间进行拦截。托运人可以基于分布式账本技术连接专属货柜，追踪和查询货品的仓储信息，不仅可以增加整个流程的透明性，还能确保仓储运营商对货物进行保管和运输。

应用4：电子合约

区块链可以提供实名认证、电子签名、时间戳、存证和联盟链等功能，适合做电子合约的底层技术。而在物流场景下，电子合约是一个基础设施，很多场景都需要利用电子合约来提高流程的效率和安全性。

区块链电子签名赋能于物流行业，可以解决物流行业的很多问题，比如物流单据票据错配、管理烦琐、效率低下等。通过电子合同，进行货运协议、电子收货单据等协议的签署，就能提高物流行业中物流、信息流、资金流的迅速流通，从而提高企业在物流行业中的竞争力。

比如，可以做一个标准化的电子合约产品，保证电子合同签署从实名认证、证书申请到最终签署完成等各个环节存储，并将数据实时同步上链，形成完整的电子合同签署证据链，保证电子签名的安全、可信、可追溯。

应用 5：物流征信

物流行业是一个信用体系不健全的场景，客户都想建立一个诚信

> **区块链的分布式存储是怎么保证安全性的？**
>
> 区块之间相互串成一条链条，如果想篡改数据，需要同时篡改整条链上的节点，难度极高。区块链通过数据加密和授权技术，存储在区块链上的信息是公开的，但账户身份信息是加密的，只有数据拥有者授权，才能访问，保证了数据的安全和个人隐私。

的环境，避免劣币驱逐良币。行业的管理机构也鼓励建立行业自律管理组织，建立失信数据，引导行业健康发展。

借助区块链，就能将多方合作连接起来。利用安全技术，就能在不泄露原始数据的情况下，上报失信结果，供联盟体查询。

此外，监管机构还可以建立一套行业征信评级标准。行业内的企业共同参与，通过智能合约编写评级算法，并发布到联盟链中，利用账本上真实的数据来计算评级结果。

应用 6：物流溯源

结合区块链技术，可以对产品进行溯源。只要将每一个产品的原物料供应商、加工工艺流程、品质信息、加工设备编号、制程负责人

的信息等全部通过区块链上链，供应链上的各单位就能清楚明晰地了解到货品生产的真实状况。

只要源头真实，区块链就能保证上链后的信息不可篡改。设计物联网设备和利益机制，就能解决信息源的可信，比如引入第三方监管或利益机构对数据进行检查再上链。

应用7：国际物流的应用

运输距离更远、运输时间更长的国际物流运输，结构更繁杂，涉及部门众多，物流效率不容易提高。

数据显示，如果想将一些冷冻食物从非洲运输到欧洲，要经过30多个的组织，进行200次的交流，管理成本和进出口贸易文件为运输所需成本的20%，其复杂烦琐程度不言而喻。

为了解决这一问题，就可以使用区块链技术，将多个组织链条关联起来，将收到的信息在第一时间记录到区块链上，并向客户、海关、银行等部门展示，提高供应链信息的透明度，增强物流信息的可信度，实现无纸办公，帮助海关部门实施全面管理，提高物流效率。

第十一章 "区块链+"金融业

第一节 供应链金融：将销售和供应、金融上链 形成一个闭环

区块链可以缓解信息不对称的问题，十分适合供应链金融的发展。

供应链金融的玩家有很多，这些玩家分别属于不同的类群，但最终也形成了一个闭环。

"羊毛出在猪身上"是一种互联网思维，也是互联网的一种免费模式。但是，无论如何，猪、羊等动物是不能手拉手围成一圈儿的。

供应链金融中最重要的三个"流"包括：Physical Flow、Information Fiow、Financial Flow。其中，Physical Flow 是实体的或物理的，Information Fiow 和 Financial Flow 则是虚拟的。三者也不能形成一个闭环，如同地球人和外星人是不可能在一个社区的。

即使有了所谓的闭环，比如合同契约或金融手段的环环相扣形成

的闭环；商流、物流、资金流和信息流的一体化或集成化。不论是捆绑式的，还是扎堆式的，都是一荣俱荣、一损俱损。

商流、物流、资金流和信息流的一体化模式类似于日本的综合商社。战后，日本的制造业企业规模实力还不够强，综合商社自然有存在的必然。无论是原料进口，还是产品出口，综合商社都发挥了重要作用。但是，随着制造业企业的崛起，综合商社逐渐被颠覆了。

多年前，国内的大型外贸公司转型时，试图选择综合商社的模式，结果却朝着实业化或产业化的方向发展了，而且很多都跻身世界500强，比如中化、中粮、五矿等。供应链金融是一个商业生态系统，未来必然会不断进化。

目前，香港开始发放虚拟银行牌照，已有几家公司获得牌照，如下所示：

2020年3月27日，首批虚拟银行牌照名单公布，三家获牌机构分别是：（1）Livi VB：中银香港（控股）、京东数科及怡和集团成立的合资公司；（2）SC Digital Solutions：渣打（香港）、电讯盈科、香港电讯及携程金融成立的合资公司；（3）众安虚拟金融：由众安在线及百仕达集团合资成立。

4月10日，金融科技集团WeLab Holdings旗下全资子公司WeLab Digital Limited获得牌照，这是金管局第二次颁发虚拟银行牌照。

5月9日，金融管理专员根据《银行业条例》向四家发放牌照，分别是：

（1）蚂蚁商家服务（香港）有限公司。是阿里巴巴旗下蚂蚁金服的全资子公司。

（2）贻丰有限公司。是腾讯控股有限公司、中国工商银行（亚洲）有限公司、香港交易及结算所有限公司、高瓴资本和香港商人郑志刚等通过 Perfeet Ridge Limited 投资的合资公司。

（3）洞见金融科技有限公司。由小米集团与尚乘集团共同出资设立，小米集团占比 90%，尚乘集团占比 10%。

（4）平安壹账通有限公司被授予银行牌照以经营虚拟银行。是中国平安旗下金融壹账通的全资子公司。

自 2020 年 3 月底启动发放虚拟银行牌照以来，香港金管局已累计发出八张牌照，香港的持牌银行数增加为 160 家。

第二节　普惠金融：应用于政府扶贫款发放

所谓普惠金融，是指立足机会平等要求和商业可持续原则，以可负担的成本，为有金融服务需求的社会各阶层和群体提供适当、有效的金融服务。目前，我国普惠金融的重点服务对象有小微企业、农民、城镇低收入人群、贫困人群和残疾人、老年人等特殊群体。

（一）普惠金融服务农村金融

普惠金融服务最典型的一个应用场景就是农村金融，可以切切实实地让金融服务走到基层和农村。区块链技术不仅是一种技术革命，更能随着农村互联网技术的发展，解决金融的盲点问题，具体表现如下：

1. 解决农村金融的征信问题

过去征信主要是通过抵押物来实现的，农民虽然拥有较大面积的耕地，但是国家明文规定：国有土地不能非法交易，农民可以拿来作为抵押的物品很少。可是，借助区块链技术，就能很好地解决这个问题。过去，要想查验农村征信，主要采取的方式是中心记录和中心查询，信息不完整、不对称，维护成本高，数据滞后，运用区块链技术，就能完全改变这种现状。只要将农村产生的海量行为信息数据记录在区块链上，并将其存储在每个节点上，就能实现信息透明化，防止非法篡改，并从根本上降低维护成本。农民申请贷款时，只要从区块链上查询相关贷款人的信息，就能在最短的时间内完成审批，贷款更加便捷。

2. 解决农村金融的支付问题

目前，移动支付已经广泛运用于社会各个方面，可是对于广大农民来讲，一方面由于互联网技术没有得到全面普及；另一方面由于自身知识量有限，在操作移动支付的过程中，总会遇到一些问题，无法及时完成支付。同时，农村的交易记录、账户余额、账户安全管理等基础设施都是以中心支付系统为核心来构建的，通过农村信用合作社来实现，给农村金融带来以下几个问题：

（1）信用危机。从传统意义上来讲，借款人申请贷款，往往需要银行、保险、征信机构等来记录交易信息，数据不准确、信息不完整，无法让借款人拥有足够高的信用度，容易产生信用危机。

（2）成本过高。为了防止中心支付系统的完整性，为了防范风险，中心支付系统不仅需要投入巨额资金，还得投入大量的人力去运营，直接带来的后果就是银行结构和层级臃肿。

（3）安全风险。一旦中心支付系统被攻破，就会影响到资金的安全，后果很严重。

（4）中心集权。这种方式，话语权完全掌握在银行机构手中，权利集中，无法保证农民的利益。

借助区块链技术，完全可以有效、轻松地解决以上存在的这些问题。将区块链运用到农村金融领域中，农村交易就会变得更加快捷，成本更低，真正实现与城市同步，缩短城市和农村金融之间的差距，

比特币交易怎么样才算成功交易？

比特币的交易数据被打包到一个"数据块"或"区块"（Block）中后，交易就初步确认了。区块链接到前一个区块后，交易会得到进一步确认；连续得到6个区块确认后，这笔交易基本上就不可逆转地得到了确认。比特币对等网络会将所有的历史交易都储存在区块链中，只要提交一个交易，最终都会被矿工放到某个区块中，这时就可以说，这笔交易获得了0个确认。一旦另一个区块链到这笔交易所在区块，把这笔交易所在区块定义为父区块时，这笔交易就能获得1个确认，以此类推。只要知道一笔交易获得了多少确认，就能知道该笔交易所在区块后又连接了多少个区块。

让个体掌握普惠金融的主动权，使农民获得以往享受不到的金融产品和服务。

（二）区块链助力普惠金融构建信用"新生态"

区块链不是分布式账本，而是由一堆技术组合起来的，从商业角度来说，区块链是打造信任的基础设施。

如今，普惠金融的信用生态已经从中心化慢慢走向开放化，从智能化转向了生态化，从中介化发展到了分布式，区块链能非常好地助力普惠金融新生态的发展。具体表现在三个方面：

（1）契约凭证的可信存证。区块链的不可篡改、可追溯，如果出现闭路式的风控，一旦犯错，犯错行为在轨迹里面就不可篡改，失信成本就变得非常高，借助区块链，就能探索建立现在信用里面缺乏的信任机制。

（2）金融价值的可信存证。区块链在金融领域的应用最多，资产数字化以后，一旦资产在链上被参与方共识可信，资产的价值就非常大，所有的金融机构都知道数字资产背后锚定的是现实中的有价资产。

（3）数据价值的可信共享。数据是生产资料，AI是生产力，区块链是生产关系。只有利用区块链技术，在保护隐私且可信的情况下，保证数据不流动，让价值流动起来，才能打破现在的数据孤岛。

（三）区块链与普惠金融联系到一起

区块链上的所有数据都是公开透明的，无法篡改。从本质上来说，区块链技术就是一种利用计算机实现的代表公信力的机制。在金融领域，将区块链技术与普惠金融紧密结合是这么运作的：为用户提供与日常生活紧密相关的业务，包括缴费、出行、购物和订餐等；通过理财业务，为用户增加收入；为广大网购用户提供退货险服务；为众多小微企业提供小微贷款服务。

区块链技术就是通过共识算法和安全技术来打造信任机制，用共信力代表公信力。区块链技术会把整个流程记录下来，运送过程中的每个节点都能清楚地知道整个流程，不必担心资金丢失的问题。

将公益作为区块链解决信任问题的应用场景，只要用户捐款，捐款记录就会被记载到区块链上。这时候，用户的捐款就如同打成了一个包裹；交给区块链平台，就像去邮局邮寄包裹；整个资金的运送过程，需要经过公益机构和非政府组织机构的介入，才能最终到达受捐人手中。在这个过程中，区块链平台上邮寄的每一笔资金、经过的每个节点，都会被盖上戳，之后再送到受捐人手里，每笔资金无论额度大小，都会被认真对待。

区块链技术可以实现去中介化的效果，推动整个商业流程的改变，保证整个商业服务的高效实现，有效降低成本，重构信用机制。另外，对区块链上登记的所有交易信息，都可以进行追根溯源。

第三节　微众银行：用对账平台实现穿透式监管

微众银行是是国内首家民营银行和互联网银行，由腾讯公司、百业源、立业集团等知名民营企业联合发起设立，总部位于广东省深圳市，2014 年 12 月经监管机构批准开业。

2018 年 4 月 11 日起，在微众银行 APP 转入资金或购买理财单日限额下调至 1 万元。

2019 年 6 月 11 日，微众银行入选"2019 福布斯中国最具创新力企业榜"。

2020 年 1 月 9 日，胡润研究院发布《2019 胡润中国 500 强民营企业》，微众银行以市值 1500 亿元位列第 36 位。

（一）微众银行主要涉及的业务

微众银行主要涉及的业务有：

（1）消费金融。"微粒贷"是国内首款从申请、审批到放款全流程实现互联网线上运营的贷款产品，不仅普惠，而且便捷。其主要依靠 QQ 和微信，不用担保、不用抵押、无须申请；客户只要提供姓名、身份证和电话号码，就能获得一定的信用额度；信用额度为 500~20 万元，可以满足大众的小额消费和经营需求。"微粒贷"的主要特点有循环授信、随借随还；只要 1 分钟，就能到达客户指定的账户；为用户提供 7×24 小时服务。

（2）大众理财。2015 年 8 月 15 日，微众银行正式推出了首款独立的 APP 形态产品。微众银行 APP 依靠微众银行专业团队的风险把控和质量甄选，联合优质可靠的行业伙伴，为用户优选符合多种理财需求的金融产品，支持实时提现，实现了资金的便捷调度，帮助用户轻松管理财富。针对大众理财时可能遇到的时间受限、知识欠缺等问题，微众银行 APP 产品降低了操作门槛，产品说明清晰，用户指导明确，优化了用户使用体验。

（3）平台金融。微众银行与"汇通天下""土巴兔""优信二手车"等知名互联网平台合作，将有数据、有用户的互联网企业连接到一起，将金融产品应用到它们的服务场景中，将互联网金融带来的普惠利好渗透到大众的衣食住行上，对资源进行有效整合和优势互补，实现了合作共赢的新模型。

（二）微众银行搭建风控体系

随着区块链、人工智能、大数据和云计算等关键核心技术的不断释放，微众银行运用多种举措，提升了服务能力，为小微企业注入了更多金融活水。目前，微众银行已经搭建了包括人工智能、区块链、云计算、大数据等前沿技术在内的风控体系，主要应用于客户身份认证、智能客户服务等环节。

2019 年 6 月 5 日上午，由微众银行、北京环境交易所、北京绿普惠网络科技有限公司（绿普惠）联合举行了线上发布，主题为"绿色出行·科技惠普"。会上，微众银行发布了国内首个采用区块链技术的社会治理框架"善度"，以及基于该平台的首个落地应用"绿色出行普惠平台"。

根据微众银行在会上公布的数据显示，2019 年国内机动车已达3.48 亿辆，私家车 2.07 亿辆，有 66 个城市的汽车总数超百万辆。交通出行带来的碳排放量，给自然环境带来较大负担，成为全球变暖严重、极端气候现象频繁发生的重要因素。

作为国内首个基于区块链技术的绿色出行平台，"善度"使用微众银行牵头开发的开源 FISCO BCOS 区块链技术，平台发行、分发、赞助、兑换、清结算、监管、审计等过程公开透明，相关记录可随时追溯查证，在符合相关要求的基础上，解决了各方信任问题。

站在用户角度，"善度"的使用方式相当方便。只要利用"绿惠普"公众号和小程序，就能根据自身碳排放量获得相应奖励和服务。未来，绿普惠将还进一步拓展机动车绿色驾驶、ETC 使用、公交、地铁等多种交通方式下的绿色出行场景。

"善度"是一种针对"善行"进行度量、激励、跟踪、监督等的社会治理框架，结合区块链的开放共治等特性，可以解决社会文明治理中出现的问题，比如缺乏鼓励行善机制、激励小善行为成本过高、欠缺量化牵引等，打造支持社会精神文明发展的良性生态，实现科技扬善。

（三）以金融科技战略加速普惠金融发展

微众银行是国内首家开业的民营银行、互联网银行，不设物理网点，依托科技创新，具体表现包括：

（1）业务实践。微众银行一直坚持"连接者"定位，通过金融能力、互联网技术、运营和风控能力，跟产品提供方连接在一起，支持合作伙伴快速获得移动互联网金融的服务能力，建设移动线上入口、提升移动客户流量、留存线下客户，获取线上客户，共同构建普惠金融服务。

（2）大数据技术。微众银行将大数据技术应用到多个业务场景中，对业务数据进行多维分析与运用，搭建了精准营销与智能运营平台，构建了全渠道数字化基础设施，打通了线上线下场景，搭建了金融一站式大数据平台。

什么是区块链的扩容？

为了保证比特币的安全性及稳定性，中本聪将区块的大小限制在1MB。可是，随着区块链上交易数的不断增长，每秒7笔交易的处理速度已经明显无法满足用户需求，于是通过修改比特币底层代码的方式，提高交易处理能力。目前，比特币扩容有两种技术方案：改变区块链共识部分的内容，使区块容量变大；把大量的计算移到链下，解决问题。

（3）人工智能技术。为了满足金融级身份认证场景的需要，微众银行利用人工智能技术，打造了金融级的智能身份识别技术，不仅整合了人脸识别和活体检测技术，更引进了异步审核和在线视频补充核身流程。

（4）银行战略。微众银行将金融科技的发展提升到银行科技发展战略规划的高度，分别从人工智能、区块链技术、云计算、大数据四个领域为银行的科技发展明确了方向。

（5）云计算技术。运用云计算技术，微众银行将多种金融云产品能力成功整合到一起，具备了云计算的全线交付能力，搭建起了具备自主知识产权的云管理平台。

第四节　供应链在金融领域的主要应用

供应链在金融领域的应用主要包括：

应用1：支付清算

区块链能绕开笨重的转账系统，创建一个更直接的支付流，无须中介，费率超低，几乎瞬间支付。

看看下面的例子：

环游世界：在马来西亚，皇家加勒比海水手停留在从新加坡到泰国的巡洋舰上，用比特币支付旅程费用，还举办了规模最大的比特币主题游轮。

电子产品：微软、NewEgg 和 Overstock.com 接受加密支付，其中笔记本、电脑和智能手机等电子产品是运用加密支付的第一批产品。

整形手术：在佛罗里达州迈阿密 Vanity 整形医院，做腹部抽脂、隆胸等整形手术，可以用比特币支付。

豪车：日本加密货币交换 bitFlyer 和几家豪华汽车销售商合作，

支持高端汽车进行比特币支付。

艺术品许可证：Ato Gallery 出售了一件估价不到 10 万美元的艺术品，用比特币支付，为 150。

披萨：Laszlo Hanyecz 用 1 万枚比特币购买披萨，是用比特币购买披萨的第一人。

太空票：理查德布兰森的维珍银河，可以使用比特币进行太空旅行。

豪华度假村：在特朗普酒店，接受比特币。

在清算和结算领域，不同金融机构间的基础设施架构、业务流程各不相同，涉及人工处理环节众多，极大地增加了业务成本，也容易出现差错。

传统的交易模式是双方各自记账，交易完成后，双方还要对账，需要花费大量的人力和物力；同时，数据由对方记录，无法保证其真实性。而区块链上的数据是分布式的，各节点都能获得所有的交易信息，一旦发现数据出现了变更，就会通知全网，很好地杜绝了篡改的可能。

更重要的是，在共识算法的作用下，交易过程和清算过程是实时同步的，要想完成交易，上家发起的记账，必须获得下家的数据认可。最后，交易过程完成价值的转移，也就同时完成了资金清算。如此，不仅能提高资金结算、清算效率，还能极大地降低成本。

在此过程中，交易各方的隐私都能得到良好的保护。例如，互联网银行微众，合作方式是联合放贷，为了解决资金的结算和清算等问题，与华瑞银行联合开发了一套区块链应用系统。

应用2：数字票据

现阶段票据市场面临几大问题：

首先，票据的真实性有待商榷，存在很多假票和克隆票。

其次，划款不及时，票据到期后，承兑人无法及时将资金划入持票人的账户。

最后，市场上催生出众多的票据掮客和中介，引发了不透明、高杠杆错配、违规交易等现象。

区块链技术不可篡改的时间戳和全网公开的特性，能够有效防范传统票据市场"一票多卖""打款背书不同步"等问题，降低系统中心化带来的运营和操作风险；还能借助数据透明特性，促进市场交易价格对资金需求反映的真实性，对市场风险进行有效控制。

目前，区块链票据产品可以实现的功能包括供需撮合、信用评级、分布式监管、数据存证和智能交易等。通过区块链技术，票据业务就能构建一个可行的交易环境，避免信息的互相割裂和风险事件。关于这一点，很多公司已经开始尝试，举个例子：

京东金融使用了区块链技术，所有参与方都能在票据平台上交易和查询业务，只要用私钥进行认证与数据加密即可。此外，会员等级和票据资产上链都要经过严格审核，减少了篡改的可能，不仅可以提高管理效率，还能有效降低信用风险。

163

应用 3：银行征信管理

银行是一个安全的存储仓库和价值的交换中心，作为一种数字化的、安全的和防篡改的总账账簿，区块链可以达到相同的功效。所谓征信，是指专业、独立的第三方机构依法采集、整理、保存和加工信用信息，为信息使用者提供相关产品和服务，帮他们判断和控制风险。

根据征信对象的不同，可以将我国的征信机构分为企业征信机构和个人征信机构。其中，企业征信机构实行备案制管理，截至 2018 年 8 月，我国备案的征信机构共 125 家，主要分布在京、沪两地；个人征信机构实行的是核准制管理，目前具有个人征信牌照的只有一家机构，即百行征信。

征信体系的弱点在于极易被黑客攻击。

运用区块链技术，就能改善信任。在传统征信模式下，信贷机构需主动报送数据，且数据是物理留存的，很容易遭受滥用、竞争使用和泄露等风险。区块链具有分布式储存和点对点传输特点，可以解决中心服务机构的系统稳定性问题；利用非对称加密技术，就能在一定程度上解决信息滥用和竞争使用问题，改善信任关系。

基于联盟链建立的数据平台，通过哈希加密和分布式存储，一方面，可以保证数据存储的安全性；另一方面，不需要将数据报送给某个中心化机构，就能在系统中实现点对点传输，保证了数据传输的安全性。如此，不仅可以保障数据的安全性，还可以解决传统模式中机构不愿共享数据的问题。

应用4：金融审计

区块链的运用，让审计面对的经济社会环境，特别是审计对象的业务开展情况、技术应用创新、数据资源禀赋等都将发生重大变化。

比如，金融行业的各类金融资产，如股权、债券、票据、仓单、基金份额等都可以被整合到区块链账本中，成为链上的数字资产，在区块链上进行存储、转移和交易。如此，必然会创造出更多金融业务模式、服务场景、业务流程和金融产品，对金融市场、金融机构、金融服务和金融业态发展带来深远影响。

使用区块链记录交易和账目信息，录入链上的数据无法被篡改，数据的修改还需要整个系统中多数节点的确认，财务数据造假和欺诈异常困难。

应用5：数字货币

区块链最初的用途就是数字货币，迄今为止，各种形式的支付依然是区块链较主要的应用之一。从比特币首次出现，经过多年的发展，不仅已经形成了一个从生产发行、法定货币兑换到商业支付较为完整的生态系统，还催生出很多竞争币。据不完全统计，目前网络上的数字货币已达上千种。

此外，民间数字货币市场的繁荣也带动了法定数字货币的发展。数据显示，目前全球已有10多家中央银行开展了法定数字货币的研究和测试工作。虽然数字货币开发和应用还处于于早期阶段，但已展现出巨大的发展潜力，区块链技术的应用空间无限宽广。

应用6：保险管理

保险行业运行的基础之一就是信息审核，而最大的难点则是保险公司与客户之间的信息不对称，如此就带来了一定的隐患。比如，被保险人为了谋得利益，隐藏自身的风险，就会构成骗保。同时，还存在理赔慢、现金支付手续烦琐、行业透明度低等问题。

区块链的出现，让保险服务流程变得更透明，不仅各保险企业的业务可以互通，还能缩短业务链，如果投保者利益受损，就能在最短的时间里找到提供保险服务的源头平台，通过合约获得相应赔偿；而数据的不可篡改的特性，可以提高保险公司的内部风控能力，确保账本系统、资金和信息的安全；区块链的透明性，可以提升保险消费者的信任度，解决制约保险需求的信任问题，重构保险营销策略。

第十二章　"区块链+"教育行业

第一节　"区块链+教育"搭建学术界的信用体系

世界上的信用体系无外乎以下几种：

（1）基于信仰。以知识付费举例，为什么网络大 V、KOL 到网络上开公开课、培训班的时候，总会有众多粉丝为其埋单？主要就在于，人类需要信仰。相对于复杂的世界，人类的大脑太过简单，为了减少不确定感，就要使用各种方法来简化这个世界。而这套减少"不确定感"的体系，就是信仰。人们建立了形形色色的信仰，并把信仰主体——大 V 和 KOL 当作自己人格的一部分，于是就有了"粉丝经济"。

（2）基于一个中心。区块链出现后，世界上出现了一种全新的信用体系基石——算法。"算法"这个词语原本是计算机里的一个概念，具有一致性，也就是说，不论任何时间，还是任何地点，只要输入确定，经过算法，就能确定输出。区块链就是基于这种特性建立起来的一种新型信用体系。

（3）基于道德。道德约束，也能解决信用问题，同样是知识付费。在网络上购买知识和课程，信息一般都不对称，用户根本就不知道内容生产者的是否学识渊博，但依然会信任他。因为他们会坚信，没有真材实料的人是不会站出来卖课的。

区块链作为一种新型信用体系，能为教育行业带来什么？

（1）公平和可信。在教育领域，一直都存在很多问题，比如档案管理、身份（资质）认证、公众信任等，即使依靠具备公信力的第三方作信用背书，依然会出现造假、缺失等问题。运用区块链技术，就能保证数据的完整性、永久性和不可更改性。数据不可更改，就能大大提高造假的难度，也会让教育链上的轨迹变得清晰可见；所有的一切都数据化，虚假就会无所遁形，打破信息的不对称，让个人教育信息和教育成果变得更加透明和真实，有效解决教育行业在存证、追踪、关联、回溯等难点和痛点。

（2）安全和稳定。数据化的出现实现了公平、可信，智能合约的应用更实现了安全和稳定。目前，在我国的教育、学术界，知识产权的保护做得还不到位，人们喜欢免费模式，对于数字化后的教育资源，忽视了版权保护，抄袭事件层出不穷，要想维权，着实很难。使用智能合约，就可以解决当下数字资源版权保护的问题。区块链上的智能合约可以降低合约被篡改的道德风险，或被黑客攻击的技术风险，为学术成果提供不可篡改的数字化证。一旦这种数字化证明与已有的应用实现无缝整合，就能为文字、图片、音频和视频等加盖唯一的时间戳身份证明，然后再结合其他方式交叉验证，从根本上保障数据的完整性和一致性，保护知识产权，保障教育资源的维持稳定发展。

（3）高效和低廉。现在教育存在的问题之一是封闭办学，学生的技能信息、知识体系等不能满足用人企业的需要。运用区块链技术，让技能需求和市场趋势信息保持对称，就能帮助教育行业提高效率。

目前，在区块链技术应用方面有许多可想象空间：①在教育资源共享方面，利用分布式账本技术，将用户与资源进行直接联系，简化操作流程，提高资源共享效率，促进教育资源的开放共享，解决资源孤岛问题。②在教育资源交易方面，利用去中心化特性，剔除交易中介平台，实现消费者与资源的点对点对接，减少费用的支出。

此外，运用区块链技术，还可以促进学习行为的数据收集、激励教师创作和分享、提高人才档案管理效率等。

通过一系列操作，教育平台操作流程必然会得到优化，打造出高效、低廉的教育平台。

第二节　教育资源共享的"教育链"

信息化技术的高速发展，为人类社会创造了一个前所未有的资源环境，在这样的大环境下，全球的社会和经济重心都在发生转移，比如近期迅速崛起的区块链技术。同时，教育也受到了前所未有的关注。

随着互联网和信息技术在教育领域应用的深化，教育资源的开放和共享、教育培训机构的联结与协作，优质的教育资源迫切需要一个出口共享给用户，教育链顺应而生。

举个例子：

基于区块链技术，清大新媒体打造的教育链打破了教育培训机构、教育资源方以及教育人群在地域上和互信机制上的壁垒，建立了跨机构、跨地域和跨行业的教育价值共享生态体系。其联结全球数百万教育培训机构、教育资源提供商和品牌厂商（广告主），覆盖数以亿计的学习者、教师和家长，通过教育公链、"新媒体智能机"（线下）和"金币兑换商城"（线上）所构建的体系，实现了开放的、全方位的教育价值共享。

如今，基于"教育＋传媒领域"的长期践行和用户的积累，清大新媒体的教育链运营体系已日渐趋于完善。首先，在教育资源的发布与销售方面，教育培训机构、资源提供方和教师（培训师），可以向教育链发布课程、产品、项目和活动，为合作机构和个人用户提供服务；其次，将线上线下无缝对接，保障了教育链的强有力运行。

新媒体智能共享节点是教育链核心价值的体现。新媒体智能共享节点由线下的"新媒体智能机"和线上的"金币兑换商城"应用共同组成，是教育链联结教育培训机构和教育人群的主要出口和入口，在教育价值共享生态中起到关键作用。

金币商城可以被称为"教育资源交易所"。教育培训机构和教育资源提供方，发布自身教育资源和 Dapp 应用到教育公链，并通过"金币兑换商城"呈现给全球潜在的合作机构与个人用户。机构和个人用户可以使用金币(积分)兑换全球教育产品(课程、项目、活动等)以及其他丰富的非教育类的超值商品。

建立在"金币兑换商城"上的应用系统好班 APP，可以向个人用户持续提供丰富的教育内容和服务。个人用户在获得这些内容和服务的同时，还可以获得参与教育链共享传播的机会。

目前，清大新媒体教育链在其基础设施设计上，已经具备了足够的规模和影响力。由"新媒体智能机"和"金币兑换商城"应用共同构成的教育共享智能节点，已经开发完成并实际投入使用。在未来，清大新媒体还要打造更多的"新媒体智能机"，进入全球教育培训机构，吸引更多用户共同参与教育资源价值共享生态的建设。

第三节　区块链在教育领域的主要应用

区块链在教育领域的主要应用有：

应用 1：教育资源的确权管理

基于区块链的教育资源的确权管理，既能保障资源供给方的知识产权，又能提升教育资源的质量，还能扩大教育资源的共享范围，具体表现如下：

（1）保护知识版权。在网络技术发达的今天，很多教育资源如原创网络课程、个人作品等都存在被盗用的情况，创作者的积极性受到打击。为了保护教学资源的安全性和可靠性，基于区块链技术的公开透明、可追溯、不可篡改的性质，完全可以构建学术版权维护体系。

（2）扩大教育资源。科学、有效、良性地开展招生工作，关系着教育质量，关系着教育公平。但现实中，在许多学校的公开招生计划中，人数是固定的，而实际招生人数远超此数额。依托区块链等技术手段，利用智能合约的透明、自动执行等特性，就能锁定招生条件，并永久存证，保障教育公平与教学质量。

应用2：教育行业的柔性监管

教育培训机构和在线教育，都是个性化教育的一种参与形式和力量。学习者可以自主选择在学习中心或培训机构学习某门课程，获得具有同等效力的课程证书，证明自己在某一领域的专业知识和技能。可是，陆续出现的"卷款跑路"事件，却给监管机构带来了更大的挑战，只有建立合理的柔性监管，把教育行业参与者尽可能纳入监管体系，并通过有序的市场竞争，促进教育机构规范经营，才能提高教学质量。

运用区块链智能合约，一方面可以按监管政策事先锁定监管规则，取缔人为击穿的风险；另一方面还可以设立保证金机制，一旦违反条约，就能自动产生相关赔付，杜绝欺诈行为的发生，从而构建真正安全、高效、可信的开放教育资源新生态。

应用3：数据存储及征信体系

首先，存储和记录可信学习数据。利用区块链的分布式存储记录特性，记录学生的个人信息、学习成绩、成长记录等内容，可以为个性化的教育教学提供过程性诊断。

其次，应用于学生档案的创建，提升学校治理体系和能力现代化。以常用的"错题库"为例，用区块链系统来记录学习行为数据，学生就能在保护个人隐私的前提下，共享错题数据，并保证数据来源的真实准确，精准学习路径推荐，提高教学质量。

最后，将学生成绩、个人档案和学历证书存储在区块链上，还能防止信息的丢失或被恶意篡改，构建一个安全、可信的学生信用体系，解决学历造假问题。

第十三章　"区块链+"共享经济

第一节　信用是共享经济的根本

2016 年广州街头出现了一些与众不同的单车，这是一种新的互联网"共享"模式，使用者只要下载手机程序，扫一扫单车上面的二维码，就可以打开车锁使用，到达目的地后锁上单车，就可以进行车费结算。

这种模式比起滴滴等打车软件，突出的特点是完全没有了"人"的监督：单车被放在那里，不需要司机提供服务，只要有需要，就能立刻骑走，用完就自己放回来。但是，要想将这种模式大规模推广，还要解决"信用"问题。

互联网上，我们连对方最基本的信息都无法知道，怎么能放心把自己的东西"共享"给别人？只能靠信用。信用从哪里来？一方面是互相监督；另一方面从历史数据不断积累得来。既缺乏互相监督的手段，又没有历史数据参考，只能依靠拼大数，期望好人总比坏人多。

对于互联网企业，特别是对于这种"共享"经济的公司，识别"靠谱"的用户比争取更多的用户要更有意义。因为根据"二八定律"，20%不靠谱的客户可能构成公司80%的成本支出。以共享单车作为例子，公司跟客户做成一单生意，多数只能赚几块钱，如果单车被用坏了或丢失了，就会遭受几百元甚至上千元的损失。

中国人的"不诚信"形象，似乎早已经成了目前市场的共识，即使是在道德水平相对较高的北上广，也存在单车丢弃、毁坏和偷窃事件。如果将经营范围扩展到北上广以外的城市，遇上素质更低的百姓，可能公司赚得还不如损失的多。

过去几年，"共享经济"概念被炒得火热，共享单车、共享汽车、共享充电宝、共享雨伞、共享电动车等陆续出现，甚至还出现了共享经济互联网企业，可是这些企业有的被收购，有的濒临倒闭。难道共享经济真的就没有发展前景吗？恰恰相反。共享经济之所以出现了众多负面信息和事件，主要还在于，共享经济正在步入"信用经济"的新阶段，而信用租赁的核心问题是信用体系的问题，即如何真正掌握租赁人的信用状况。虽然多数平台采取的是芝麻信用分，但此类评分不同于银行类的征信信息，并不能完整有效地反馈出租赁者的信用状况，租赁商对客户的评价可能存在一定的风险，甚至遭遇风控难题。

将信用体系广泛接入共享单车，表面上看只是方便了骑车，其实是信用本身应用场景的深化拓展。

（1）规范共享单车的使用行为。共享单车面世以来，使用者破坏、私占单车等失信行为频发，要治好这些乱象，不仅要依靠媒体和公众的曝光，更要以信用分作为奖励文明行为和惩戒违规行为的标尺。比如，共享单车的信用分评价，对乱停乱放、加私锁、非法移车等行为扣分，对举报违停、文明骑行等行为加分；对信用分过低的使用者，处以高价租费、禁止使用等处罚。一旦提高了失信成本，违规使用者自然就不敢为所欲为了。

（2）有助于回归"共享"本质。目前，共享单车行业正处于红海厮杀中，品牌繁多、名目各异，不同的主导者都在不同区域和城市跑马圈地。百姓要想实现"说走就走，随到随骑"，只能下载多个APP。最初共享单车出现的原因主要还是为了解决共享、方便等问题，品牌间的割据竞争，却抑制了"全面自由地共享"。相对地，将共享单车集体接入信用分，用户就能用同一个信用，刷遍各种单车，共享层次更高，共享范围更宽。

（3）解决押金监管难题。如今，街上的共享单车大多要交押金，少则百十块，多则二三百元，为了方便骑行，多注册几种APP，押金加起来就要上千元。随着使用人数的增长，共享单车的押金总额越来越大，隐藏着很大的资金风险。用信用分替代交押金，完全可以解决这个问题。

第二节　"区块链+"共享经济的可行性

（一）共享经济应用场景存在的问题

长期以来人们普遍发现，无论是传统租赁，还是"互联网+"这一语境范围内所定义的共享经济应用场景，都存在以下一些问题：

（1）缺乏持续盈利的动力。拿共享单车来说，如今各大城市都已经实现了免押，想依靠1元钱半小时的租金来盈利，根本就行不通。现实中，共享单车损毁严重，公司前期资金链断裂，只能借旧债还新债，要想解决这个问题，必须提供增值服务。

> **何为韭菜？**
>
> 韭菜是一个形象的比喻。不了解市场情况的散户投资者，容易受到投资情绪左右，高位买入、低价卖出，出现亏损，可是一批人离场后又会有新生力量进入，就像韭菜一样，割一茬很快又长一茬。

（2）资源浪费严重，反作用明显。从目前来看，大都市的上班族利用共享单车，方便地解决了上班等活动的"最后一公里"的问题，但大量区域供需刚性依然不对等，无法准确反映供需结构的情况。在投放的问题上，对于缓解交通压力反而起了反作用，深层原因是数据获取和分析的紊乱。

（3）交通隐患较大。共享单车引发的交通事故非常多，特别是共

177

享单车缺乏对未成年人的使用限制，造成了一部分不到使用年龄的孩子骑车上路。

（二）区块链是最有可能彻底解决共享经济的痛点

为了解决互联网金融时代的共享系统或租赁系统存在的上述痛点，可以将"互联网＋租赁"逐步向"区块链＋租赁"生态。可以借助区块链的优势，对互联网金融整体进行改造。

（1）区块链共享平台营造的完全点对点服务，可以解决供需资源不匹配的问题。

从本质上来说，现有的共享经济是一种从虚拟世界重返实体世界的场景服务，资源配置好坏的关键是数据的处理。共享单车的场景源头就是移动数据端口，数据处理的实施主体是中心化的公司服务器，技术提供和数据分析全部由公司来完成，最终结果就是，公司资源分散，顾此失彼。解决这一矛盾的最好办法，就是区块链。

区块链网络是最专业化的数据处理器，个体节点与单车的散在投放主体进行互动，就是资源配置最佳方案。这样，共享公司可以集中精力开展技术研发和增值服务的提供，不用支付由于"数据处理外包业务"而带来的额外成本。

（2）区块链技术解决节点间的信任问题，共享经济的信任问题迎刃而解。

在2017年下半年，深圳市迅雷网络有限公司（以下简称"迅雷网络"）推出了共享链，是国内首次将共享经济搭建在区块链上并获得落地的成功项目。迅雷公司借此股票市值翻了 6 倍。

全权负责这个项目的是迅雷的全资子公司——网心科技。2015 年网心科技推出的"赚钱宝 Pro"，因为运营不佳，在 2017 年前后基本关停。但是，凭借着玩客云的出色业绩，网心科技斩获了 2017 年度的"中国区块链优秀行业"称号。网心科技将区块链和云计算结合起来，实现了更大范围的网络闲置资源利用，解决了单纯利用云计算所不能克服的高并发量之难点。2017 年底的数据显示，仅京东一家平台，"玩客云"的销售量就已突破了 3300 万单！

（三）将区块链运用于共享经济的优势

区块链技术是伴随加密数字货币逐渐兴起的一种去中心化基础架构与分布式计算范式，以块链结构存储数据，使用密码学原理保证传输和访问的安全性，数据存储受到互联网多方用户共同维护和监督，具有去中心化、透明公开、数据不可修改等显著优点。

运用区块链技术，就能在网络中建立点对点的可靠信任，减少价值传递过程中介的干扰，既公开信息又保护隐私，既共同决策又保护个体权益，为实现共享经济提供了全新的技术支撑，更有利于实现共享经济。

（1）数据公开透明，为共享经济提供信用保障。区块链是一个大型海量数据库，记录在链上的所有数据和信息都是公开透明的，任何节点都可以通过互联网在区块链平台进行信息查询，第三方机构无法将记录在区块链上的已有信息进行修改或撤销，便于公众监督和审计。这种技术优势，使得区块链技术在共享经济领域具有广泛的应用价值。

（2）催生智能合约，为共享经济提供解决方案。基于区块链技术的智能合约系统，兼具自动执行和可信任性的双重优点，有助于实现共享经济中的商业情景，比如产品预约、违约赔付等，使共享经济变得更加完善可靠。笔者认为，随着区块链技术水平的不断提高，智能合约完全可能成为未来共享经济在具体应用场景的一种标准化解决方案。

第三节　区块链在共享经济领域的主要应用

区块链在共享经济领域的应用主要有：

应用 1：电力共享

长期以来，共享储能市场化运营面临着较多问题。比如，无法确保各参与主体数据的真实性，结算过程中智能化、可信化、便捷化等亟须改变，电力市场透明度、公信度有待提升等。国家电网青海电力借助区块链先进科技，推动能源技术革新，建设了基于区块链技术的共享储能市场化交易平台，构建了辅助服务系统、调度控制系统及交易系统，创新了新能源市场运营模式。

在青海省海西蒙古族藏族自治州的戈壁沙滩上，有一座 50 兆瓦储能电站，由 50 个储能集装箱和 25 个 35 千伏箱式变压器组成，汇集了源源不断的太阳能，并入大电网。这是全国首个参与共享储能市场化交易的储能电站。

该交易平台发挥区块链的技术优势，支撑共享储能市场有效运行，大大提升了青海省的新能源消纳能力。

应用 2：流量共享

随着科技的发展，越来越多的资源向大众展开，流量共享也成了人们在网络世界很频繁的一种联系方式，在 2021 年的开年之初，"流量共享"再次走进人们的视线中！

所谓"流量共享"，就是用户作为一个网络节点，将资源分享给他人，然后供他人使用，通过区块链的激励机制，进行系统的数据运算，给予他人一定的奖励！虽然这个概念在 2018 年遭遇了困境，但依旧有人在前行。典型的例子就是 360 的共享云计划。该计划采取用"闲置宽带，赚取 Token"的模式，目前 360 共享云已经将 P2P CDN 应用在芒果 TV 中，在网络方面实现了各个支点都能连接，实现网络资源的传输。

对于现在的企业发展来说，流量是不可缺少的介质，BitTorrent 和迅雷曾经靠着它迅速成长，而区块链技术的加入，更为它提供了技术保障！

应用 3：计算共享

目前，云计算、区块链是热门，引领着未来的趋势，但是，仅讲云计算或仅做区块链，想象空间并不大。云计算盘子虽然大，但竞争激烈，尤其是在同质化的市场态势下，只有打破同质化藩篱，才能寻到更大的机会。区块链分为公有链、联盟链和私有链，但比特币的公有链却是完全去中心化的，不好控制，未来也就变得模糊不可见。而迅雷打造的"区块链+"共享计算双核模式，则展示了打破云计算同质化藩篱和解决区块链不可控痛点的可能性。

当迅雷宣布 All in 区块链、推出玩客币时，市场上引发了热议，有些投机者甚至还嗅到了钻空子的商机。2017 年 12 月 9 日下午，迅雷官方发布《玩客币相关调整公告》，宣布：自即日起"玩客币"正式更名为"链克"。此次更名彰显了迅雷的决心——要做一个可持续、可控的"区块链+"共享计算二合一模式。如此，不仅可以联合监管部门打击投机行为，还能进一步打开迅雷的未来想象空间。

应用 4：实时交通数据共享

2019 年 6 月，宝马、福特、梅赛德斯—奔驰和沃尔沃共同参与了一个欧洲安全试验项目，四家公司共享匿名汽车道路安全数据，如路况信息、汽车开启危险报警灯等警示信息可被其他汽车共享。该项目率先在荷兰开展，之后将扩展至德国、西班牙、芬兰、瑞典和卢森堡。

目前，该项目还处于试验阶段，其运行模式是：车辆向所有成员可见的云数据库发出警报，比如宝马收集到的安全数据也可以被梅赛德斯-奔驰所使用。在实际使用中，当司机开启危险报警灯或通过 eCall 拨打紧急呼救电话时，这条信息会以匿名的形式发送至云服务器，之后再转发给附近车辆的车载信息系统。

第十四章　"区块链+"智慧社会

第一节　智慧城市发展现状

智慧城市的概念涵盖硬件、软件、管理、计算、数据分析等业务在城市领域中的集成服务，即利用信息通信技术 (ICT) 感知、整合、存储、处理、分析、预测和响应城市运作各个环节中的关键信息，对包括民生、环保、公共安全、城市服务、工商业活动在内的各种需求提供智能化响应和辅助决策，为城市居民创造更高质量的生活环境。

智慧城市的发展建立在信息化和数字化的基础上，运用人工智能、大数据、云计算、物联网、移动互联网、智能感知终端等关键技术，打造智能化的城市操作系统。

我国智慧城市发展起步较晚，但发展速度较快，主要呈现出以下几个特点：

（1）试点持续增加，几乎覆盖全国各省、市、自治区。2012 年住建部开始启动智慧城市试点工作，截至 2018 年，我国智慧城市试点已超过 600 个，主要集中在环渤海经济带、珠三角地区和长三角地区。其中，广东、山东、上海等地走在前列。

（2）进入以人为本的高质量精细化建设阶段。在政府、开发商、集成商、服务运营商和第三方服务机构的共同努力下，已经形成围绕"以人为核心"的智慧城市建设生态，治理模式更加高效、精细和智能。

（3）智慧交通、智慧安防和智慧社区的出现。依托政策支持、成熟的技术和基础设施，智慧交通、智慧安防和智慧社区逐渐成为落地较快、产业链较为完善的核心应用场景。

可是，随着我国智慧城市信息化建设的逐渐深入，信息系统类型、功能和数据采集设备呈多样化发展，智慧城市建设也遭遇了诸多痛点。

（1）信息孤岛问题。当今的各地智慧城市建设缺少科学系统的规划设计，单个项目的建设带有盲目性，项目之间缺乏有机联系。在通信方面，存在数据结构与流通接口不统一、标准化程度不高、互联互通程度严重不足等问题，提高了运维的成本，费时费力。使用单一维度的数据分析，无法实现高质量的分析与预判；数据孤岛现象，会直接引发各系统之间的应急联动，失去原本应有的预警和防范的作用。

（2）流程复杂，效率低。在智慧城市的建设体系中，数据的流通方向是自下而上沿金字塔形系统架构进行的。感知数据需要经过多层的过滤清洗，再经中心化的决策分析模型做出响应，能大大降低系统的处理效率。尤其在智慧交通与智慧安防两大应用领域，系统只能做到数据的存储、安全与共享，还无法实时、准确、高效地对决策进行分析，无法彻底解决城市交通拥堵和安全应急等问题。

（3）安全问题。智慧城市建设的过程，涉及大量数据的采集与分析工作。众多铺设物联网智能终端设备暴露在公共区域，提高了网络攻击的风险，包括数据污染、恶意终端接入、DDoS 网络攻击、APT攻击等问题日趋严重。联网设备越多，受网络攻击的风险就越大，就会伤害到数据和系统的保密性及完整性，企业需要付出巨大的代价、遭受众多的损失。

（4）用户参与不足。现阶段，智慧城市感知以视频和图像为主，受限于设备覆盖率和采集数据维度，系统功能与用户需求之间差距较大。单一系统功能建设与用户需求联系不紧密，公众与其他政府职能部门参与甚少，无法真正做到"以人为本"。

第二节　区块链技术是建设智慧社会的三大要素之一

在构建智慧城市过程中，我国面临着很多挑战与问题，比如城市全域数据感知，对城市数据采集与传输提出了更高要求；海量设备接入，使得身份认证和通信安全成为智慧城市安全隐患；如何保护智慧城市采集数据的隐私……区块链技术对社会信任进行了重塑，能够有效解决对等多实体共享信任问题，给智慧城市发展带来了新的发展机遇。

在中国智慧城市建设试点中，杭州具有标杆意义。2016 年《中国新型智慧城市》白皮书将其评为"中国最智慧的城市"。杭州创建了涵盖移动支付、智慧社区、智慧医疗、智慧交通等多个方面的示范性场景，开发出许多为百姓喜闻乐见的应用，构筑起中国智慧城市的雏形。

在杭州，只要拿出手机，就能解决日常生活所需，无人超市、无人餐厅、银联"云闪付"进出闸机等新事物随处可见。

在"无人体验店"内测中支持顾客使用支付宝扫描二维码进店，将商品置于"交互货架"，顾客从 LED 屏幕读取商品详情，确认购买的，将商品放入装有传感器的盒子，识别后支付宝自动扣款。

盒马。用数据和技术重构零售业态，使用二维码认证生鱼新鲜度，提供一定范围内 30 分钟送货上门服务。

移动支付。帮助商业企业沉淀数据、积累信用；商业企业通过分析账单、会员、营销、信贷等数据提供定制服务，从而成就智慧商业。

支付宝。将移动支付基础设施延伸至杭州智慧城市建设的其他方面，担负起重点服务商的职责。

支付宝智慧社区邻易联管理服务平台改变传统物业管理方式，整合杭州市物业服务、物业公告、物业缴费、周边商铺、社区活动、社区圈子等诸多生活服务信息，对社区内人、车、缴费、信息、生活服务进行一站式管理，提升了社区物业的信息化、智能化水平，为社区居民提供了全新智能化生活体验。

值得一提的是，智慧社区还解决了居家养老问题。例如，杭州拱墅区湖墅街道与某科技公司合作，在仓基新村社区试点建造智慧社区。该社区基于局域网组建固定电话虚拟网络，解决了多数老年人不会上网的问题。社区设置了连通单元楼门禁体系的虚拟网络，由电话控制，居民可以拨打短号码与邻居免费通话；如果身体感到不舒服，完全可以一键呼叫社区服务中心。

区块链技术具备构建数字信任机制的独特优势主要体现在：基于时间戳的链式区块结构，上链数据难篡改；基于共识算法的实时运行系统，指定数据能共享；基于智能合约的自规则，技术性信任易认证；基于加密算法的端对端网络，交易端对手可互选。因此，区块链技术在智能社会建设中的作用至关重要。

互联网实现了信息的传播，区块链则可实现价值的转移。目前，区块链技术尚处于早期阶段，技术应用场景开发并不全面。未来，在智慧社会建设中，运用区块链去中心化、公开透明的特点，有望解决区块链数据对象、网络、行为可信等场景化问题，让社会治理更加智慧。

第三节　区块链在智慧城市领域的应用

区块链在智慧城市领域的应用主要有：

应用 1：提高智慧城市系统建设终端的安全性

每个终端设备都拥有自身的公私钥，区块链系统通过智能合约，不仅能维护一张终端身份名单，还能审核该设备是否有权接入节点并将数据上传，避免恶意中断的接入和数据污染。此外，各个终端数据将采用加密传输，数据传输过程中不会出现数据泄露等问题。

将智慧城市架构中的计算存储层进行分布式存储改造，不仅不会改变原有存储架构，还能增设区块链分布式节点设备。而网络层则将对等网络、专网、公共网络和 VPN 等网络传输技术融合在一起，用轻量级区块链架构对整个终端感知层的设备进行管理和维护，提高了智慧城市建设的安全性。

应用 2：保障边缘计算的实施

边缘计算是提高智慧城市系统处理时效的有效手段，但存在很多问题，比如设备安全问题、维护和建设成本问题、准确性问题等，让其无法进行大规模普及应用。

区块链分布式的数据存储机制和点对点的网络拓扑结构，能够与边缘计算较好地融合应用；区块链不可篡改的数据存储特点，能够提高边缘节点的数据安全性；身份认证和权限控制，能够为暴露在公共区域的设备提供准入机制；数据加密管理，能够为边缘设备提供隐私保护功能。将边缘设备作为区块链系统中的轻节点，不参与全网共识，还能够减少外界对区块链系统的攻击。

应用 3：打破传统智慧城市系统间的数据孤岛

在不改变原有系统的情况下，将各系统原始数据或数据指纹上链流通，区块链适合跨企业和跨系统之间的数据共享。数据的共享一定要实现区块链的身份核验，与 CA 技术的融合将原本匿名化的区块链转变成可信区块链，通过身份认证和共识权限设置来划分各系统与人员间的权利和责任。

区块链中设置有严格精确的时间戳机制，加之其自身不可篡改、可追溯的特性，任何对数据的处理都将在链上留痕和追溯。此外，数据维度的增加也提高了大数据分析与人工智能算法的准确性，能够实现更加精准和定向的服务和管理模式。

应用 4：提高人们进行社会治理的积极性

传统的中心化的公共监管平台或自媒体平台不具备公信力，无法自证其说，区块链架构中真实的身份与可信的数据，为公众通过移动终端上传各类违法违规信息提供了保障。

区块链将违法违规行为真实地记录在系统中，对公众的有效监管行为给予一定的激励，就能提高公众对城市管理的参与度和积极性。一旦被认定为是违法违规行为，被监管者的行为就会关联到个人征信、银行信贷等重要领域，约束公众的言行。

第四节　基于区块链的世界城市

在进入 21 世纪之后，城市秩序开始遇到了越来越严重的挑战，现在已经呈现解构的态势。人类社会多年形成的信任赤字，已经积累到危险水平，重新建立信任基础的成本越来越高。

（一）造成城市秩序危机的原因

引发城市秩序危机的原因主要有这样四个：

（1）科技革命不断加快，IT、互联网、大数据、AI、量子科技、生命科学等进展迅速。城市正在进入科技决定创新，创新决定经济发展的历史阶段。

（2）城市规模和体量全方位扩大，包括人口、城市化、货币供给。以人口为例，1980 年初，全世界只有 40 多亿人口，现在已经接近 80 亿；城市化率也从 40% 扩大至 55%。

（3）经济形态发生转变，城市已经从工业主导的经济转变为数字化经济。

（4）以中国代表的新兴市场国家的崛起，世界多级化已经不可逆转。

（二）区块链为重构世界秩序提供新的基础结构

区块链将成为重构世界秩序的新基础结构。这是因为，从理论和技术层面上说，区块链具备以下四个基本功能：

（1）区块链可以提供国际秩序重构的经济基础。通过区块链重构产业链、供应链、价值链和金融链，就能加速价值安全和高速交易和传递，形成新型数字资产和数字财富体系，完成传统经济向数字经济的转型。

（2）区块链可以提供国际秩序重构的社会基础。以可编程社会为基础，以区块链作为"信任机器"驱动力，可以建立一种新的社会关系和国际关系。

（3）区块链可以提供国际秩序重构的个体基础。其中，涉及社会成员的数字身份、信任计算，构造个体与个体基于技术支持的新型信任体系。

（4）区块链可以提供国际秩序重构的法律基础。通过推动智能合约代替传统合约，实现区块链代码仲裁等实践，Code is Law 普遍化。

（三）基于区块链技术的未来世界特征

除了世界秩序的重构外，基于区块链还有如下可预测的新状态：

（1）在区块链提供的技术制度框架下，一个完全由主权国家组成的国际贸易组织主导国际贸易的时代正在完结；可以实现国际经济合作的"三个即时"：即时追溯贸易产品价值形成的全过程，即时实现贸易智能清算，即时调整国与国之间的贸易平衡问题，最终减少贸易冲突发生的可能性。

（2）在区块链提供的技术制度框架下，人类就能走向共享经济、合作竞争、普惠金融，削弱和缓和世界性的贫富差别。

（3）在区块链提供的技术制度框架下，世界游戏规则将调整为"正和博弈"，而非"零和博弈"。

结束语

互联网真正标准化是在 20 世纪 90 年代初，在标准化建立之前，互联网非常复杂，形式也有很多种。当全球把互联网定义成 TCPIP 网络（互联网协议）时，互联网统一的标准就出现了。

但是，很多伟大的互联网公司都诞生在互联网科技股泡沫破灭的前后，当泡沫把投机清除出场时，就给真正有技术、有想法、有实践能力的公司提供了巨大的生长空间。未来，区块链必然会得到长远发展。

如今，区块链技术模型已经基本搭建完成，从区块链角度来说，未来就会进入一个技术优化迭代阶段，即商业开始创新的阶段。搭建好这个技术原型后，要想优化迭代那些技术，就必须跟应用场景、商业创新结合起来，没有应用，没有商业创新，就无法优化或迭代；不知道性能方面的不足，或其他方面的不足，就无法知道现有的经济模型是否适配你的商业。因此，优化迭代的阶段也是商业创新的阶段。

众所周知，多数互联网的商业模式都建立在 2000 年前后，接下来只是再花 10 年、20 年，就能发展壮大得蔚为壮观。只要用眼睛去看，去寻找，就能发现有利于于区块链创新并具有巨大前景的商业模式。

对于区块链技术，如果你还在怀疑和犹豫，请仔细想想马云曾说的那句名言："很多人输就输在，对于新兴事物：第一看不见，第二看不起，第三看不懂，第四来不及。"

在本书的末尾，有几个问题需要注意：

1. 区块链是否有性能瓶颈

区块链的性能指标主要有两个，一个是交易吞吐量，另一个是延时。交易吞吐量代表的是"在固定时间能处理的交易数"，延时则表示"对交易的响应和处理时间"。在实际应用中，一般都会将这两个要素综合考虑进去，只使用任何一个都是不正确的。交易响应时间太长，会阻碍用户的使用，降低用户体验；忽视了吞吐量，交易太多，就只能排队。

目前，从理论上来说，比特币每秒最多只能处理七笔交易，每十分钟出一个区块，交易吞吐量为 7，交易延时为 10 分钟，实际上，等待最终确认一共需要 6 个区块，实际交易延时是 1 个小时。以太坊虽然有所提高，但也远不能满足应用需求。

从区块链技术角度来看，目前影响区块链性能的因素主要包括广播通信、信息加解密、共识机制、交易验证机制等环节。比如，共识机制的目标是为了使得参与节点的信息保持一致，可是如果高度分散的系统达成共识需要耗费较长时间，再加上节点作恶，更会增加处理的复杂性。

2. 币市与股市一样吗

从形式上来看，币市和股市都会经历一级市场的募资和二级市场的交易。但是，它们之间也存在诸多不同，主要体现在以下几方面：

（1）功能不同。币市，不仅可以用于二级市场交易，还可以用于日常消费、购买相关业务产品等。从功能角度来说，币市可以分为功能性、证券型和商品型，比特币就是典型的商品型。而股市一般都指证券，只能用于一级市场或二级市场的转让和交易。目前，各国都在探索分类监管模式，不仅会对证券型功能的币市进行监管，也没放松对股票证券市场的要求。

（2）发行方式不同。股市通过区块链发行，通常会设置总量，但不能增发；同时，还会制定一定的销毁机制，多数属于通缩型货币。股市是企业通过证券交易所发行的一种证券资产，不具备货币属性，是一种收益型资产，往往会通过持股数和股价的陈记来确定股份的价值。

（3）监管不同。目前，币市依然处于无监管状态，没有权威、独立的监管机构发行加密数字货币，属于个人意愿。而全球股市，则设置了证券监督委员会等官方监管机构，可以督导市场，防范金融风险。

（4）交易方式不同。加密数字货币可以同时上线多家数字货币交易所，可以7×24小时交易。而首次发行证券的公司，通常会选择一家证券交易所来发行股票，遇到节假日，会休市。

3. 央行数字货币是怎么回事

从某种意义上来说，央行发行的数字货币就是"人民币的数字化"，是对人民币M0（即流通中的日常消费用的货币）的替代。

央行发行数字货币，可以直接解决纸币在发行、印制、回笼、贮藏等环节的损耗，还能让人民币交易更便捷、更安全，提高匿名性。简言之，数字化的货币，为人民币在国际贸易交易中提供了较大便利。

央行发行的数字货币是一套双层运营结构，即：人民银行先把数字货币兑换给银行或其他运营机构，再由这些机构兑换给老百姓。到商业银行或其他机构，老百姓完全可以直接兑换央行数字货币，供日常消费使用。

其与比特币的主要区别就在于：央行数字货币有国家主权做背书，身后有等额的人民币储备资产；而比特币是一种无主权的加密数字资产，主要通过"挖矿"来产出，一共只有2100万个，每四年进行一次对半减产，具有明显的"通缩"特质。

4. 未来数字货币会替代现在的实体货币吗

纸质货币一般都成本高、易丢失、安全系数低、难追溯，很容易引发金钱犯罪。实体货币实现了电子化，就能提高货币的安全系数，提高交易的便利性。我们相信，未来有国家主权信用做背书、有等额金融资产抵押的数字货币必然会成为一种新型货币形式。

5. 当前全球对区块链和数字货币的态度如何

随着全球区块链和数字货币的发展，监管必然会不断升级，也会更加规范化。总结近几年来全球各国家和地区对区块链和数字货币的监管政策，可以发现这样几个特点：

（1）监管态度不一，对待数字货币，亚洲国家比欧美国家更谨慎。

（2）监管日趋严格，全球数字货币监管逐步规范化。

（3）监管被逐渐放宽，很多小众国家都开始进行合法化尝试。

中国香港证券及期货事务监察委员会香港证监会发布了《立场书：监管虚拟资产交易平台》和《有关虚拟资产期货合约的警告》。在《立场书：监管虚拟资产交易平台》中，明确了证监会对虚拟资产交易平台的监管方针、监管框架和未来预期，对虚拟资产交易平台实行牌照准入制度，还规定了资产托管、KYC、AML、审计和风控等内容。《有关虚拟资产期货合约的警告》则告诉我们，销售虚拟资产期货合约的平台有可能违反香港法例，此类期货合约带有很大风险，投资者要提高警惕。

6. 当前全球对 Libra 的态度

全球对 Libra 的态度究竟如何？下面我们就来说几个典型国家的。

（1）中国。中国比较关注 Libra，不断加大中国央行数字货币的研究。

（2）美国(美联储)。美国监管部门对 Libra 的关注比较谨慎。迄今为止，美联储、美国国会已三次召集 Libra 相关负责人出席听证会。

（3）欧盟。欧盟的多数国家都反对 Libra。比如，德国与法国财政部长都反对 Facebook 计划发行的加密数字货币 Libra 在欧洲推行。他们认为，货币权力属于国家主权，不能由私人实体掌握。

7. 当前我国对央行数字货币的看法

我国对央行数字货币究竟抱有何种态度呢？下面有两份最新资料：

2020 年 8 月 10 日，中国人民银行支付结算司副司长穆长春在中国金融四十人论坛上表示，央行数字货币即将推出，将采用双层运营体系。

清华大学金融科技研究院—区块链研究中心的报告显示，在 25 家央行中，计划推出 CBDC 的央行有 7 家，正在进行探索的有 9 家，已经发行的共有 6 家，暂不考虑的有 3 家。